高职高专"十三五"规划教材

Creo 4.0 模具设计

——基于大案例的实例精讲

主　编　郭纪斌　伍伟敏

副主编　张　乐　谌　侨　文建平

参　编　沈　建　全　波　陈光忠

U0378041

西安电子科技大学出版社

内 容 简 介

  本书结合防水手表零部件的模具设计，全面、系统地介绍了使用 Creo 4.0 软件进行模具设计的过程、方法和技巧，主要内容包括软件使用环境的配置、模具设计流程、模具分析与检测、分型面的设计、型芯设计、滑块设计、斜销设计、破孔修补、一模多穴的模具设计、流道和水线设计、使用体积块法进行模具设计、使用组件法进行模具设计、模具设计的修改、塑料顾问模块的使用、模架结构与设计和模具设计综合范例等。

  在内容安排上，本书以实际产品的工程设计项目实施作为范例，这样安排能帮助读者较快地进入模具设计实战状态；在写作方式上，本书紧贴软件的实际操作界面，按照软件中真实的对话框、操控板和按钮等来讲解，从而使读者尽快上手，提高学习效率。

  书中所选用的范例、实例或应用案例覆盖了模具设计的整个流程，具有很强的实用性和广泛的适用性。

  本书可作为高等职业院校模具设计专业及其他相近专业的教学用书或技能培训用书。

图书在版编目(CIP)数据

Creo 4.0 模具设计：基于大案例的实例精讲 / 郭纪斌，伍伟敏主编. —西安：西安电子科技大学出版社，2019.5

ISBN 978-7-5606-5321-1

Ⅰ. ① C…　Ⅱ. ① 郭…　② 伍…　Ⅲ. ① 模具—计算机辅助设计—应用软件—高等职业教材—教材　Ⅳ. ① TG76-39

中国版本图书馆 CIP 数据核字(2019)第 071567 号

策划编辑　秦志峰

责任编辑　秦志峰　祝婷婷

出版发行　西安电子科技大学出版社(西安市太白南路 2 号)

电　　话　(029)88242885　88201467　　　邮　　编　710071

网　　址　www.xduph.com　　　　　电子邮箱　xdupfxb001@163.com

经　　销　新华书店

印刷单位　咸阳华盛印务有限责任公司

版　　次　2019 年 5 月第 1 版　　2019 年 5 月第 1 次印刷

开　　本　787 毫米×1092 毫米　1/16　印　张　17

字　　数　403 千字

印　　数　1～2000 册

定　　价　39.00 元

ISBN 978-7-5606-5321-1 / TG

XDUP 5623001-1

如有印装问题可调换

前　言

Creo 软件是一个整合 Pro/Engineer、CoCreate 和 ProductView 三大软件并重新分发的新型 CAD 设计软件包，针对不同的任务应用采用子应用的方式，所有子应用采用统一的文件格式，其目的在于解决 CAD 系统难用及多 CAD 系统数据共用等问题。Creo 4.0 是美国 PTC 公司目前推出的最新版本，相对于 Pro/Engineer 野火版软件，4.0 版新增和优化了许多功能，使其易操作性又上了一个新台阶。

本书重构高职模具设计专业模具设计核心课程，重在解决理论与实践脱节、知识模块相互独立的传统教学模式的不足，把职业能力培养融入于与就业岗位紧密关联的模具设计软件操作、模具设计理论的核心课程中，对核心课程内容和实训环节进行重构，实现软件操作技能与模具设计教学模块的系统化串联，并创新教学模式。

本书以防水手表典型零部件的模具设计过程为导向，实施一案到底的大案例化教学。在案例化教学过程中，以能力培养为主线、以能力训练为核心，充分发挥学生学习的主动性，将理论知识与操作技能融入到案例教学和实训当中，从而使学生熟练掌握职业技能，熟悉工业企业的工作过程，为学生后续的就业打下坚实基础。

本书根据职业岗位需求的相关知识和能力，通过对防水手表不同零部件模具设计过程的讲解分析，系统地对 Creo 4.0 模具设计的操作方法与设计技巧进行了介绍。本书特色如下：

(1) 内容全面，详细介绍了 Creo 4.0 模具设计的各方面知识。

(2) 讲解详细，由浅入深，条理清晰，图文并茂，易于掌握模具设计技能。

(3) 案例丰富，涵盖了 Creo 4.0 模具设计中分型面和体积块的构建、浇注系统和水线的构建、模架设计等各个环节，有助于迅速提高学习者的模具设计水平。

(4) 项目案例编排紧贴 Creo 4.0 软件实际操作界面，按照软件中真实的对话框、图标和按钮等来分析讲解，使学习者可以直观、准确地对软件进行学习。

本书由湖南信息职业技术学院郭纪斌、湖南财经工业职业技术学院伍伟敏担任主编，负责全书的统稿和定稿工作，并分别编写项目一、项目七；湖南信息职业技术学院张乐编写项目二；长沙航空职业技术学院谌侨编写项目三；湖南信息职业技术学院陈光忠、湖南财经工业职业技术学院全波编写项目四；湖南财经工业职业技术学院文建平编写项目五；长沙职业技术学院沈建编写项目六。

由于编者水平有限，书中可能还存在欠妥和不足之处，恳请读者批评指正。

编　者

2019 年 2 月

目　　录

项目一

模型装配

【内容导读】

完成零件设计后,将设计的零件按设计要求的约束条件或连接方式装配在一起才能形成一个完整的产品或机构装置。在 Creo 4.0 系统中,模型装配的过程就是按照一定的约束条件或连接方式,将各零件组装成一个整体并使之满足设计功能的过程。

【知识目标】

- 熟悉并理解各种装配约束类型。
- 了解装配连接类型的概念。
- 掌握零件装配与连接的基本方法。
- 掌握组件分解图的建立方法。

【能力目标】

- 能够根据要求把多个零件装配成一个组件。
- 能够根据要求完成组件的分解图。
- 能进行组件的装配间隙与干涉分析。

相关知识 ✦✦✦✦✦✦✦✦✦✦

模型的装配操作是通过元件放置操控板来实现的。单击菜单"文件"→"新建"命令,在打开的"新建"对话框中选择组件,同时不勾选"使用默认模板",如图 1-1 所示。单击"确定"按钮,进入"新文件选项"对话框,选择"mmns_asm_design",如图 1-2 所示。单击"确定"按钮,进入组件模块工作环境,如图 1-3 所示。

图 1-1 "新建"对话框

图 1-2　"新文件选项"对话框

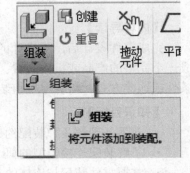

图 1-3　"组件"模块工作环境

在组件模块工作环境中，单击模型菜单栏中的"组装"按钮，在弹出的"打开"对话框中选择要装配的零件后，单击"打开"按钮，系统显示如图 1-4 所示的"元件放置"操控板。

(a)　"放置"按钮对应面板

(b)　"移动"按钮对应面板

图 1-4　"元件放置"操控板

　　图 1-4(a)为"放置"按钮对应的面板，图 1-4(b)为"移动"按钮对应的面板。下面对面板中各项的功能及意义进行说明。

1．放置

　　"放置"面板显示元件放置或连接的状况，还可以设定约束类型。它包含左右两个区域：左区域显示建立的集和建立的约束，右区域显示可设定组建对象间的约束类型。

2．移动

　　使用"移动"面板可移动正在装配的元件，使元件的取放更加方便。当"移动"面板处于活动状态时，将暂停所有其他元件的放置操作。要移动参与组装的元件，必须封装或用预定义约束集配置该元件。在"移动"面板中，可使用下列选项。

　　(1) 运动类型：选择运动类型，默认值是"平移"。运动类型主要包括以下四种：

　　① 定向模式：重定向视图。

　　② 平移：在平面范围内移动元件。

　　③ 旋转：旋转元件。

　　④ 调整：调整元件的位置。

　　(2) 在视图平面中相对：相对于视图平面移动元件，这是系统默认的移动方式。

　　(3) 运动参考：选择移动元件的移动参考。

　　(4) 平移/旋转/调整参考：选择相应的运动类型出现对应的选项。

　　(5) 相对：显示元件相对于移动操作前位置的当前位置。

3．挠性

　　"挠性"面板仅对于具有预定义挠性的元件是可用的。

4．属性

　　"属性"面板显示元件名称和元件信息。

　　(1) 　：使用界面放置元件。

　　(2) 　：手动放置元件。

　　(3) 　：将约束转为机构连接方式。

　　(4) 用户定义 ▼：该下拉框的列表中包括可供用户选择的连接类型。

　　(5) 　刚性：建立刚性连接，在组件中不允许任何移动。

　　(6) 　销：建立销连接，包含轴对齐和平移约束。

　　(7) 　滑块：建立滑块连接，包含轴对齐和旋转约束。

　　(8) 　圆柱：建立圆柱连接，包含只允许进行 360°转动的旋转轴。

　　(9) 　平面：建立平面连接，包含一个平面约束，允许沿着参考平面旋转和平移。

　　(10) 　：建立球连接，包含允许进行 360°移动的点对齐约束。

　　(11) 　焊接：建立焊接连接，包含一个坐标系和一个偏距值，以便将元件"焊接"在相对于组件的一个固定位置上。

（12）　轴承：建立轴承连接，包含一个点对齐约束，允许沿轨迹旋转。

（13）　常规：创建具有两个约束的用户定义的约束集。

（14）　6D0F：建立 6D0F 连接，包含一个坐标系和一个偏距值，允许在各个方向上移动。

（15）　槽：建立槽的连接，包含一个点对齐约束，允许沿一条非直的轨迹旋转。

（16）　万向：建立万向节的连接，包含一个坐标系和一个居中约束，以便将万向节进行固定。

5. 自动

在自动图标 [自动 ▼] 的下拉框列表中包含可供用户选择的约束类型。当选取一个用户定义集时，约束类型的默认值为"自动"，用户可以手动更改该值。

（1）自动：默认的约束条件，系统会依照所选择的参考特征，自动选择适合的约束条件。

（2）　距离：设定组件参考与元件参考的线性偏距。

（3）　角度偏移：设定组件参考与元件参考的角度偏距。

（4）　平行：使元件对照位于同一平面上且平行于组件参考。

（5）　重合：使元件参考和组件参考彼此重合。

（6）　法向：使组件与参考平面垂直的约束。

（7）　共面：使组件参考与装配参考共面。

（8）　居中：用组件坐标系对齐元件坐标系。

（9）　相切：定位两种不同类型的参考，使其彼此相向，接触点为切点。

（10）　固定：将被移动或封装的元件固定到当前位置。

（11）　默认：用默认的组件坐标系对齐元件坐标系。

（12）　：指定约束时装配件显示在独立的窗口中。

（13）　：指定约束时装配件显示在装配主窗口中。

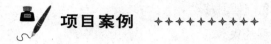 **项目案例** ✦✦✦✦✦✦✦✦✦✦

1.1　手表装配

在完成各零件模型的制作之后，就可以把它们按设计要求组装在一起，成为一个部件或产品。零件装配与连接的操作步骤如下：

（1）新建一个"组件"类型的文件，进入组件模块工作界面。

（2）单击模型菜单中的组装按钮　，装载零件模型。

（3）在元件放置于操控板中，选择约束类型或连接类型，然后相应选择两个零件的装配参考使其符合约束条件。

(4) 单击新建约束，重复步骤(3)的操作，直到完成符合要求的装配或连接定位，单击 按钮，完成本次零件的装配或连接。

(5) 重复步骤(2)～(4)，完成下一个零件的组装。

1.1.1 表盘支架组件模型装配

根据如图 1-5 所示的表盘支架组件模型完成其装配。

图 1-5 表盘支架组件模型

1．建立新文件

(1) 进入 Creo 4.0 工作界面。

(2) 在工具栏单击"新建文件"按钮 ▢，在"新建"对话框中选择组件类型，输入文件名"CECN"，并取消使用缺省模板。

(3) 弹出"新文件选项"对话框，在"模板"中选"mmns_asm_design"。

(4) 单击"新文件选项"对话中的"确定"按钮，进入组件设计模式。

2．装配表盘支架模型

(1) 单击模型菜单中的"组装"按钮 ，系统弹出"打开"对话框。

(2) 在"打开"对话框中选择要进行装配的零件或者组件，然后单击"打开"按钮。打开 beetle_hsg_top_frame_abs.prt 模型文件，如图 1-6 所示。

(3) 在打开的元件放置操控板中选择默认约束类型，完成第一个模型的放置。

(4) 单击元件放置操控板中的 按钮，完成模型的装配。

图 1-6 模型文件

3. 装配表盖模型

(1) 单击将元件添加到组件按钮 ，系统弹出"打开"对话框。

(2) 在"打开"对话框中选择要进行装配的零件或者组件，然后单击"打开"按钮。打开 beetle_hsg_lens_pmma.prt 模型文件，如图 1-7 所示。

(3) 选择图 1-8 中箭头指示的两个面，选择元件与组件重合按钮 ，装配结果如图 1-9 所示。

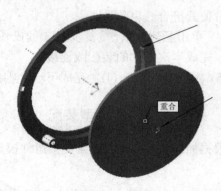

图 1-7　模型文件　　　　　　　　　　图 1-8　"重合约束"装配元件

（4）单击"放置"面板中的"新建约束"，选择"重合"约束类型。

（5）分别选择两个模型中的基准轴线"A1"，结果如图 1-10 所示。

图 1-9　"重合"约束效果　　　　　　　图 1-10　完成装配

（6）单击元件放置操控板中的 ✔ 按钮，完成模型的装配。

4. 装配垫片

（1）单击将元件添加到组件按钮 ，系统弹出"打开"对话框。

（2）在"打开"对话框中选择要进行装配的零件或者组件，然后单击"打开"按钮。
打开 beetle_hsg_gasket.prt 模型文件，如图 1-11 所示。

（3）选择"重合"约束类型。

（4）分别选择两个模型中的基准轴线"A1"，结果如图 1-12 所示。

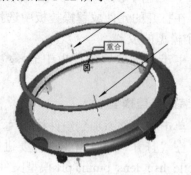

图 1-11　"重合"约束选定元件　　　　　图 1-12　选定约束基准轴线

（5）单击"放置"面板中的"新建约束"，选择"相切"约束类型。

(6) 选择图 1-13 中箭头指示的两个面，结果如图 1-14 所示。

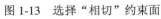

图 1-13 选择"相切"约束面   图 1-14 装配效果图

(7) 单击元件放置操控板中的 ✔ 按钮，完成模型的装配。

5. 保存模型

单击菜单"文件"→"保存"命令，保存当前模型，然后关闭当前工件窗口。

1.1.2 手表前壳组件装配

完成如图 1-15 所示的组件模型。

1. 建立新文件

(1) 进入 Creo 4.0 工作界面。

(2) 在工具栏单击"新建文件"按钮 📄，在"新建"对话框中选择"组件"类型，输入文件名"SHAFI"，并取消使用缺省模板。

(3) 弹出"新文件选项"对话框，在"模板"中选"mmns_asm_design"。

(4) 单击"新文件选项"对话中的"确定"按钮，进入组件设计模式。

2. 装配前壳模型

(1) 单击将元件添加到组件按钮 🖳，系统弹出"打开"对话框。

(2) 在"打开"对话框中选择要进行装配的零件或者组件，然后单击"打开"按钮。打开 beetle_hsg_upp_abs.prt 模型文件，如图 1-16 所示。

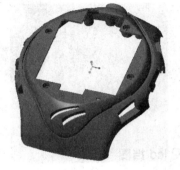

图 1-15 组件模型   图 1-16 装配第一个元件模型

(3) 在打开的元件放置操控板中选择"默认"约束类型，完成第一个模型的放置。

（4）单击元件放置操控板中的 ✔ 按钮，完成模型的装配。

3．装配显示屏支架

（1）打开 beetle_hcg_panel_abs.prt 模型文件，如图 1-17 所示。

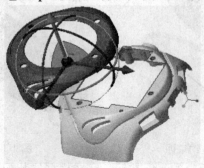

图 1-17　装配第二个元件模型

（2）选择"重合"约束类型。

（3）选择图 1-18 中箭头指示的两个面，装配结果如图 1-19 所示。

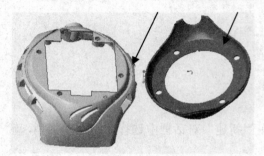

图 1-18　选择约束面　　　　　　　　　　　　图 1-19　重合约束效果图

（4）单击"放置"面板中的"新建约束"，选择"重合"约束类型。

（5）分别选择两个模型中的基准轴线 A2、A3，结果如图 1-20 所示。

（6）单击元件放置操控板中的 ✔ 按钮，完成模型的装配。

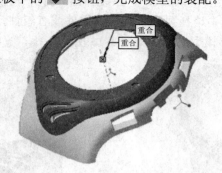

图 1-20　完成元件装配

4．装配 lcd 挡圈

（1）打开 beetle_lcd_cosmetic_abs.prt 模型文件，如图 1-21 所示。

（2）选择"重合"约束类型。

(3) 选择图 1-22 中箭头指示的两个面。

 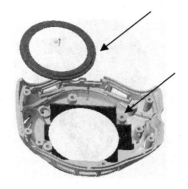

图 1-21　引入装配元件　　　　　　　　图 1-22　选择约束面

(4) 单击"放置"面板中的"新建约束",选择"重合"约束类型。

(5) 分别选择两个模型中的基准轴线 A8、A3,如图 1-23 所示。

(6) 单击元件放置操控板中的 ✔ 按钮,完成模型的装配,如图 1-24 所示。

图 1-23　选择基准轴线　　　　　　　图 1-24　完成元件装配

5. 装配表盘支架组件

(1) 打开 CECN 模型文件,如图 1-25 所示。

(2) 选择"重合"约束类型。

(3) 选择图 1-26 中箭头指示的两个圆柱面。装配结果显示如图 1-27 所示。

图 1-25　装配模型　　　　　　　　图 1-26　选择约束面

(4) 单击"放置"面板中的"新建约束",选择"重合"约束类型。

（5）选择图 1-28 中箭头指示的两个面，选择元件与组件重合按钮 。

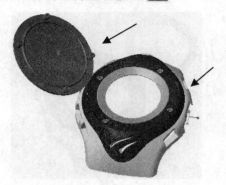

图 1-27　重合约束效果图　　　　　　图 1-28　选择约束面

（6）单击元件放置操控板中的 ✔ 按钮，完成模型的装配。

6. 保存模型

单击菜单"文件"→"保存"命令，保存当前模型，然后关闭当前工件窗口。

1.2　手　表　分　解

当一个部件装配完成后，有时候需要更清楚地观察零件的组成结构、装配形式，这时候可将装配图分解成零件，这种表达形式称为分解图或装配爆炸图。Creo 4.0 的装配环境提供了两种方法来生成分解图，即自动分解图和手动分解图。

1.2.1　自动分解图

通过使用"分解图"命令，可以快速自动分解装配件。使用此命令，既可以分解装配体的所有零件，也可以只分解所选择的子装配件的零件。

"分解图"命令根据零件之间的装配关系自动定义分解方向。对于零件之间的面贴合或轴对齐的装配关系，"分解图"命令可以得到比较好的分解结果。

"分解图"命令不能分解固定零件。如果要分解具有固定装配关系的零件，则可以使用"视图管理器"中的"分解"命令以人工方式分解固定的零件。

（1）单击模型菜单栏中的"分解图"按钮 ，则自动完成装配件的分解。

（2）自动完成装配件的分解之后，可以通过"分解图"按钮下的"编辑位置"按钮 对分解之后的元件进行位置调整，使装配分解图符合表达零件结构的要求。

（3）单击"编辑位置"按钮，系统将进入"分解工具"界面，如图 1-29 所示。

图 1-29　"分解工具"界面

图 1-29 为"分解工具"对应的面板，下面对面板中各项的功能及意义进行说明。

(1) 平移：拖动元件沿矢量方向进行移动。

(2) 旋转：拖动元件绕某一中心轴线转动。

(3) 平面：拖动元件在视图平面内任意移动。

(4) ：切换元件与上一级装配件的分解状态。

(5) ：创建修饰偏移线，以说明分解元件的运动。

(6) 单击此处添加项 ：收集装配件中的边、轴、坐标系轴、平面法线或两个点以定义
移动元件的参考。

1.2.2 手动分解图

手动分解图命令可以手动控制装配件分解，适用于装配件的某些零件不是使用面贴合
或轴对齐关系定位的情况。

该命令允许为一个或多个所选零件定义分解方向。如果在一次操作中分解多个零件，
则正确地选择零件顺序很重要。一般先选择距离固定零件最近的零件，然后按照爆炸时所
要的布置次序选择附加的零件，接着使用固定零件上的一个面或参考面定义分解方向。单
击"视图管理器"按钮 进入视图管理器界面，如图 1-30 所示。

(1) 单击"新建"按钮，建立自己定义的分解图名称并单击鼠标中键确认，如图 1-31
所示。

(2) 单击"编辑"菜单下的"编辑位置"按钮，把装配图中的元件移动到合适位置。

(3) 元件分解完毕后，单击"编辑"菜单下的"保存"按钮，如图 1-32 所示，完成手
动分解操作。

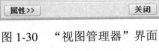

图 1-30 "视图管理器"界面　　　图 1-31 建立分解图名称　　　图 1-32 保存分解图

1.2.3 手表表盘支架组件分解

打开 Chapter1 文件夹中已建好的表盘支架组件 CECN，如图 1-33 所示。

1. 自动分解

单击"模型"菜单栏内的"分解图"按钮，手表前壳组件 CECN 自动完成分解，结果
如图 1-34 所示。

图 1-33　CECN 模型组件

图 1-34　自动分解装配组件

2. 手动分解

1) 建立分解图名称 fenjie

单击模型菜单栏中的"管理视图"按钮，进入"视图管理器"界面，单击"新建"按钮，输入分解图名称"fenjie"，如图 1-35 所示。

图 1-35　输入分解图名称

2) 分解元件 beetle_hsg_lens_pmma.prt

(1) 单击"编辑"选项下的"编辑位置"按钮，如图 1-36 所示，进入分解工具界面。

图 1-36　单击"编辑位置"按钮

(2) 单击分解工具界面中的"平移"按钮,如图 1-37 所示。

图 1-37 单击"平移"按钮

(3) 单击模型树中的图标 ▭ BEETLE_HSG_LENS_PMMA.PRT,选中 beetle_hsg_lens_pmma.prt 元件。

(4) 按住"3d 坐标引导"中的 X 向矢量箭头,拖动元件 beetle_hsg_lens_pmma.prt 至合适的位置,如图 1-38 所示。

图 1-38 选中 X 向矢量箭头

3) 分解元件 beetle_hsg_gasket.prt

(1) 同步骤 2)中(3)、(4),拖动元件 beetle_hsg_gasket.prt 至合适位置,如图 1-39 所示。

图 1-39 拖动装配元件至合适位置

(2) 单击"分解工具"菜单栏中的 ✓ 按钮,完成模型的分解图创建。

4) 完成分解图的保存

(1) 单击"视图管理器"界面"编辑"选项下的"保存"按钮，进入"保存显示元素"界面，如图 1-40 和图 1-41 所示。

(2) 单击"确定"按钮，完成分解图的保存。

(3) 单击"视图管理器"界面中的"关闭"按钮，并单击"文件"菜单栏下的"保存"按钮，完成分解图在装配图中的保存。

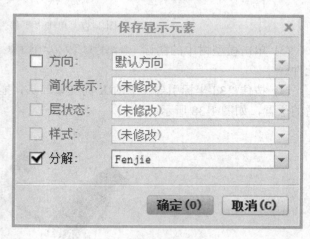

图 1-40　保存分级视图　　　　　　　图 1-41　"保存显示元素"界面

备注：

(1) 步骤 4)中的(3)分解图保存只能用于当前装配，软件关闭后，分解图会丢失，下次启动后装配分解图不可用。

(2) 步骤 4)的保存动作，把分解图保存在装配图中，软件关闭后再次启动装配图，分解图可以通过"视图管理器"再次调用。

思考与练习　★★★★★★★★★★

1．简述装配约束类型。

2．简述 Creo 4.0 软件中装配图的分解类型及异同点。

3．试述视图管理器中分解图保存和装配图分解后的保存结果有何区别。

4．试述装配图分解的过程。

项目二

模具设计基础

【内容导读】

完成零件设计后，将设计的零件按设计要求的约束条件或连接方式装配在一起才能形成一个完整的产品或机构装置。利用 Creo 4.0 提供的"组件"模块可实现模型的组装。在 Creo 4.0 系统中，模型装配的过程就是按照一定的约束条件或连接方式，将各零件组装成一个整体并能满足设计功能的过程。

【知识目标】

- 熟悉 Creo 4.0 软件的操作界面。
- 掌握模具设计的基本流程。
- 掌握 Creo 4.0 模具的设计操作命令。

【能力目标】

- 能够完成简单零件的模具设计。
- 能够进行模具结构的分析与检测。

相关知识 ✦✦✦✦✦✦✦✦✦✦

1. 模具设计工作界面

首先进行下面的操作，打开指定的文件：

(1) 单击菜单"文件"→"设置工作目录"命令，将工作目录设置至 X: \Creo 4.0\work\ ch02\。

(2) 单击菜单"文件"→"打开"命令，打开文件 beetle_mold.asm。

打开文件后，系统显示如图 2-1 所示的模具工作界面，下面对该工作界面进行简要说明。

模具工作界面包括导航选项卡区、快速访问工具栏、工具栏按钮区、视图控制工具条、标题栏、智能选取栏、消息区、图形区及菜单管理器区。

(1) 导航选项卡区。导航选项卡包括三个页面选项："模型树或层树"、"文件夹浏览器"和"收藏夹"。

① "模型树"选项中列出了活动文件中的所有零件及特征，并以树的形式显示模型结构，根对象(活动零件或组件)显示在模型树的顶部，其从属对象(零件或特征)位于根对象之下。例如在活动装配文件中，"模型树"列表的顶部是组件，组件下方是每个元件零件的名称；在活动零件文件中，"模型树"列表的顶部是零件，零件下方是每个特征的名称。若打开多个 Creo 模型，则"模型树"只反映活动模型的内容。

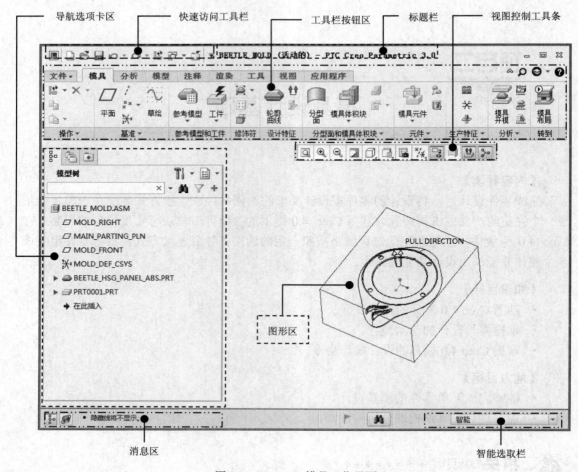

图 2-1　Creo 4.0 模具工作界面

② "层树"选项可以有效组织和管理模型中的层。

③ "文件夹浏览器"类似于 Windows 的"资源管理器",用于浏览文件。

④ "收藏夹"用于有效组织和管理个人资源。

(2) 快速访问工具栏。快速访问工具栏中包含"新建,""打开"、"保存"、"重新生成模型"和设置 Creo 4.0 操作环境的一些命令。快速访问工具栏为快速进入操作命令及设置工作环境提供了极大方便,用户可以根据工作需要定制快速访问工具栏。

(3) 工具栏按钮区。工具栏按钮区包含"文件"下拉菜单和工具栏命令按钮区,如图 2-2 所示。

图 2-2　Creo 4.0 "模具"工具栏按钮区

"文件"下拉菜单包含新建、打开、保存等常用按钮，其中"管理会话"中的"拭除未显示"功能可以从当前窗口中移除不在窗口中显示的所有对象文件。

工具栏按钮区显示了 Creo 4.0 中的所有功能按钮，并以命令选项卡的形式进行分类。用户可以根据自己的需要定义各功能选项卡中的命令按钮，也可以自己创建新的选项卡，将常用的命令按钮放在自定义的功能选项卡中。

注意：用户会看到有些菜单命令和按钮处于非激活状态(呈灰色，即暗色)，这是因为它们目前还没有处于发挥功能的环境中，一旦其进入有关环境，便会自动激活。

(4) 标题栏。标题栏显示了当前的软件版本及当前窗口活动的模型文件名称。

(5) 视图控制工具条。视图控制工具条是将"视图"命令选项卡中部分常用的命令按钮集成到图形区窗口中的一个工具条上，以便工作时随时调用。

(6) 智能选取栏。智能选取栏也称过滤器，主要用于根据工作需要快速选取所需要的要素特征(如零件、基准、面组等)。

(7) 消息区。用户操作软件的过程中，消息区会即时地显示有关当前操作步骤的提示等消息，以引导用户的操作。消息区有一个可见的边线，将其与图形区分开，若要增加或减少可见消息行的数量，可将鼠标指针置于边线上，按住鼠标左键，然后将其移动到所期望的位置。

消息分为五类，分别以五种不同的图标提醒操作者： ⬇ (提示)、 ● (信息)、 ⚠ (警告)、 ▧ (出错)、 ⊗ (危险)。

(8) 图形区。Creo 4.0 软件显示窗口中各种模型图形的显示区。

(9) 菜单管理器区。菜单管理器区位于屏幕的右侧，在进行某些操作时系统会弹出此菜单，如创建模具元件时，系统会弹出如图 2-3 所示的菜单管理器。可通过一个文件 menu_def. pro 定制菜单管理器。

图 2-3　菜单管理器

2．模具设计基本流程

使用 Creo 4.0 软件进行(注塑)模具设计的一般流程如下：

(1) 在零件和组件模式下，对原始塑料零件(模型)进行三维建模。

(2) 创建模具模型包括两个步骤：一是根据原始塑料零件定义参考模型；二是定义模具坯料(工件)。

(3) 在参考模型上进行拔模检测，以确定它是否能顺利地脱模。

(4) 设置模具模型的收缩率。

(5) 定义分型曲面。

(6) 增加浇口、流道和水线作为模具特征。

(7) 将坯料(工件)分割成若干个单独的体积块。

(8) 抽取模具体积块，以生成模具元件。

(9) 创建浇注件。

(10) 定义开模步骤。

(11) 利用"塑料顾问"功能模块进行模流分析。

(12) 根据模具尺寸选取合适的模座。

(13) 根据需要进行模座的相关设计。

(14) 制作模具工程图，包括对推出系统、水线等进行布局。由于模具工程图的制作方法与一般零部件的工程图制作方法基本相同，所以本书不再进行介绍。

3．设计模型(Design Model)与参考模型(Reference Model)

模具的设计模型(零件)通常代表产品设计者对其最终产品的构思。设计模型一般在Creo 4.0 的零件模块环境或装配模块环境中提前创建。通常设计模型几乎包含使产品发挥功能所必需的所有设计元素，但不包含制模技术所需要的元素。一般情况下，设计模型不设置收缩。为了方便零件的模具设计，在设计模型中最好创建开模所需要的拔模和圆角特征。

模具的参考模型通常表示应浇注的零件。参考模型通常用 收缩 命令进行收缩。有时设计模型包含有需要进行设计变更的结构特征，在这种情况下，这些结构特征应在参考模型上更改。模具设计模型是参考模型的源。设计模型与参考模型间的关系取决于创建参考模型时所用的方法。

装配参考模型时，可将设计模型几何复制(通过参考合并)到参考模型。在这种情况下，可将收缩应用到参考模型、创建拔模、倒圆角和其他特征，所有这些改变都不会影响设计模型。但是，设计模型中所有改变会自动在参考模型中反映出来。另一种方法是，可将设计模型指定为模具的参考模型。在这种情况下，它们是相同的模型。

以上两种情况，当在"模具"模块中工作时，可设置设计模型与模具之间的参数关系，一旦设定了关系，在改变设计模型时，任何相关的模具元件都会被更新，以反映所做的改变。

项目案例　✦✦✦✦✦✦✦✦✦✦

2.1　表盘零件模具设计

下面以图 2-4 所示的手表零件为例，说明用 Creo 4.0 软件设计模具的一般过程和方法。

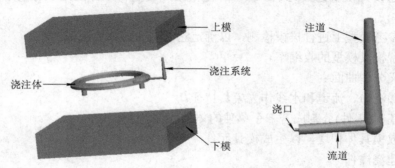

图 2-4　手表零件模具设计示例

2.1.1 创建模具模型

1. 新建模具设计文件

(1) 选取"文件"下拉菜单中的"新建"命令(或在快速访问工具栏中单击新建文件按钮 📄)。

(2) 在"新建"对话框中，选择 类型 区域中的 ⦿ 制造 按钮，选中 子类型 区域中的 ⦿ 模具型腔 按钮，在 名称 文本框中输入文件名"beetle_top_mold"，取消 ☑ 使用缺省模板 复选框中的对号，单击该对话框中的 确定 按钮。

(3) 在系统弹出的"新文件选项"对话框中的模板区域，选取 mmns_mfg_mold 模板，然后在该对话框中单击 确定 按钮。

说明：完成以上操作后，系统进入模具设计模式。此时，在图形区可看到三个正交的默认基准平面和如图 2-5 所示的"模具"命令选项卡。

图 2-5 "模具"命令选项卡

2. 建立模具模型

在开始设计模具前，应先创建一个"模具模型"(Mold Model)。模具模型主要包括参考模型(Reference Model)和坯料(Workpiece)两部分，如图 2-6 所示。参考模型是设计模具的参考，它来源于设计模型(零件)；坯料是表示直接参与熔料成型的模具元件。

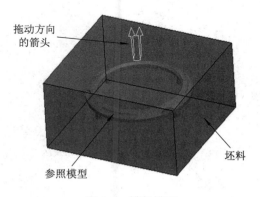

图 2-6 模具模型

3. 隐藏拖动方向的箭头

如果模型中显示如图 2-6 所示的拖动方向箭头，则可采用下面的操作方法将其隐藏起来，这样可以使屏幕更加简洁。

说明：采用着色和裙边的方法设计分型面时，光线投影方向与拖动方向相反。在一般的模具设计中，拖动方向箭头没有太大的意义。

（1）单击"视图"命令选项卡下的"显示"选项区域的"拖拉方向显示"按钮 ，如图 2-7 所示。

（2）单击视图控制工具条中的"拖拉方向显示"按钮 ，如图 2-8 所示。

图 2-7　"显示"选项区域　　　　　　　　　图 2-8　视图控制工具条

4．定义参考模型

（1）单击"模具"命令选项卡"参考模型和工件"选项区域的 按钮，并在系统弹出的下拉列表中单击 组装参考模型 命令，此时系统弹出"打开"对话框。

（2）在"打开"对话框中选取三维零件模型 beetle_hsg_top_frame_abs.prt 作为参考零件模型，然后单击"打开"按钮。

（3）系统弹出如图 2-9 所示的"元件放置"操控板，在"约束类型"下拉列表框中选择"默认"约束，再在该操控板中单击完成按钮 。

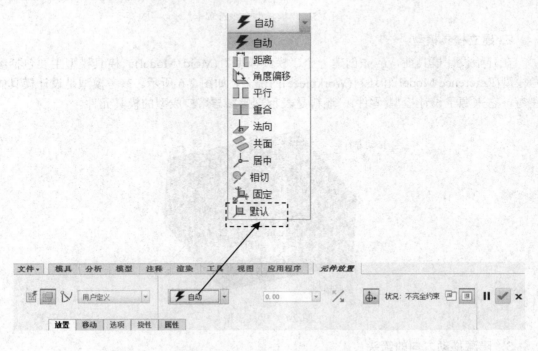

图 2-9　"元件放置"操控板

（4）系统弹出如图 2-10 所示的"创建参考模型"对话框，选中 按参考合并 单选按钮，然后在 参考模型 名称文本框中接受系统给出的默认的参考模型名称(也可以输入其他字符作为参考模型名称),再单击 确定 按钮。

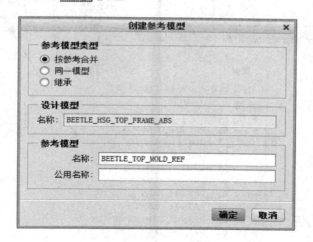

图 2-10 "创建参考模型"对话框

说明:在如图 2-10 所示的对话框中,有三个单选按钮,分别介绍如下。

➢ ◉ **按参考合并**:选中此按钮,系统会复制一个与设计模型完全一样的零件模型(其默认的文件名为*** _MOLD_REF_1.prt)加入到模具装配体中,以后分型面的创建、模具元件体积块的创建、拆模等操作便可参考复制的模型来进行。

➢ ◯ **同一模型**:选择此按钮,系统则会直接将设计模型加入到模具装配体中,以后各项操作便可直接参考设计模型来进行了。

➢ ◯ **继承**:参考零件继承设计零件中的所有几何和特征信息。用户可指定在不更改原始零件的情况下,在继承零件上进行修改几何特征数据。"继承"可在不更改设计零件情况下为修改参考零件提供更大的自由度。

(5) 为了使屏幕简洁可以隐藏参考模型的基准面。操作步骤如下:

① 在如图 2-11 所示的模型树中,选择 ▤ ▾ → 层树(L) 命令。

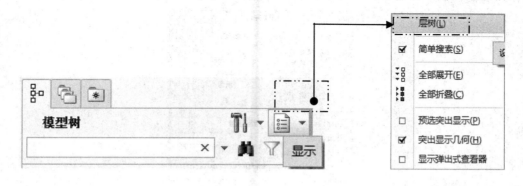

图 2-11 模型树状态

② 在如图 2-12 所示的层树导航卡中,单击 `BEETLE TOP MOLD REF 1.PRT` ▾ 后面的下拉按钮,在下拉列表中选择 `BEETLE_TOP_MOLD_REF_1.PRT`,此时在层树中显示出参考模型的层结构。

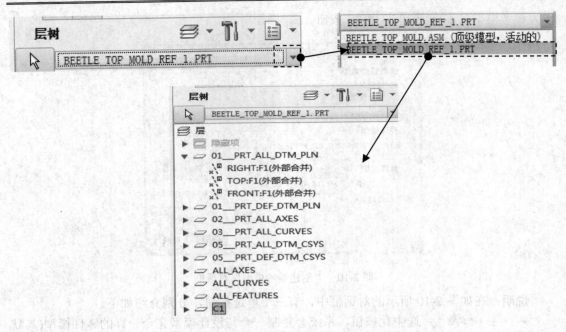

图 2-12　层树状态

③ 右击层树中的基准面，在快捷菜单中选择"隐藏"命令。

④ 完成操作后，在导航选项卡中选择 📄▾→ 模型树(M) 命令，再切换到模型树状态。

5. 定义坯料

(1) 单击"模具"命令选项卡 参考模型和工件 中 工件 按钮的下拉箭头。

(2) 在弹出的下拉列表中选择 📄 创建工件 命令。

(3) 在系统弹出的"创建元件"对话框中，选中 类型 区域中的 ⊙零件 单选按钮，选中 子类型 区域中的 ⊙实体 单选按钮，在 名称 文本框中输入坯料的名称"beetle_mold_wp"，然后单击 确定 按钮，如图 2-13 所示。

图 2-13　"创建元件"对话框

说明：在图 2-13 所示的"创建元件"对话框的"子类型"选项下，有三个单选项目，分别介绍如下。

➢ ⊙实体：选中此按钮，可以创建一个实体零件作为坯料。

➤ ⦿相交：选中此按钮，可以选择多个零件进行交截而产生一个坯料零件。

➤ ⦿镜像：选中此按钮，用户可以对现有的零件进行镜像(需要选择一个镜像中心平面)，以镜像后的零件作为坯料。

(4) 在系统弹出的"创建选项"对话框中，选中 ⦿创建特征 单选按钮，然后单击 确定 按钮，如图 2-14 所示。

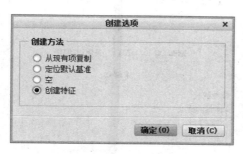

图 2-14　"创建选项"对话框

(5) 创建坯料特征，操作步骤如下：

① 选择命令。在弹出的"模具"命令选项卡中，选择 形状▾ →拉伸命令，此时系统出现如图 2-15 所示的实体拉伸操控板。

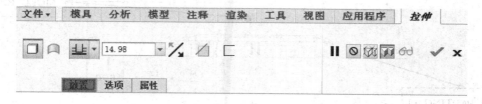

图 2-15　实体拉伸操控板

② 定义草绘截面放置属性。首先在实体拉伸操控板中，确认"实体"类型按钮 □ 被按下。然后在绘图区中单击鼠标右键，在如图 2-16 所示的草绘快捷菜单中选择 定义内部草绘... 命令；系统弹出如图 2-17 所示的"草绘"对话框，选择 MOLD_FRONT 基准面作为草绘平面，接受系统默认的 MOLD_RIGHT 基准面作为草绘平面的参考平面，方向为右，然后单击 草绘 按钮，系统进入截面草绘环境。

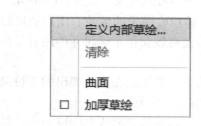

图 2-16　草绘快捷菜单

图 2-17　"草绘"对话框

③ 绘制特征截面。进入截面草绘环境后，系统弹出如图 2-18 所示的"参考"对话框，

选取 MOLD_RIGHT 基准面和 MAIN_PARTING_PLN 基准面为草绘参考，然后单击 关闭(C) 按钮，绘制如图 2-19 所示的特征截面草图，完成绘制后，单击工具栏中的 ✔ 按钮。

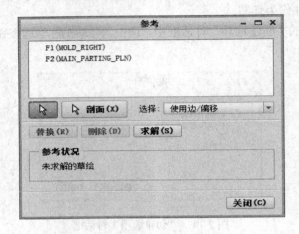

图 2-18　"参考"对话框

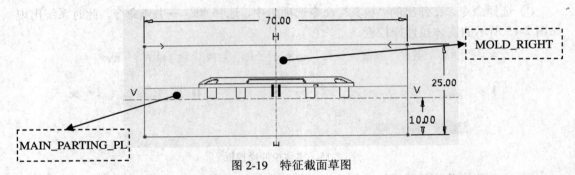

图 2-19　特征截面草图

④ 选取深度类型并输入深度值。在实体拉伸操控板中，选取深度类型 ⊟ ▾ (即"对称")，再在深度文本框中输入深度值 "50"，并按回车键。

⑤ 预览特征。在实体拉伸操控板中单击 ◯◯ 按钮，可预览所创建的拉伸特征。

⑥ 完成特征。在实体拉伸操控板中单击 ✔ 按钮，完成特征的创建。

2.1.2　设置收缩率

从模具中取出注射件后，由于温度及压力的变化会产生收缩现象，为此，Creo 4.0 软件提供了收缩率(Shrinkage)功能，来纠正注射成品零件体积收缩上的偏差。用户通过设置适当的收缩率来放大参考模型，等到注射件冷却收缩后便可以获得正确尺寸的注射零件。设置收缩率的一般操作过程如下：

(1) 单击"模具"命令选项卡 生产特征 ▾ 选项按钮的下拉箭头，在系统弹出的下拉菜单中单击 ⊞ 按比例收缩 ▸ ，然后选择 ⊞ 按尺寸收缩 命令，如图 2-20 所示。

(2) 系统弹出如图 2-21 所示的"按尺寸收缩"对话框，确认"公式"区域的 1+s 按钮被按下；在"收缩选项"区域选中 ✔更改设计零件尺寸 复选框；在"收缩率"区域的"比率"栏中，输入收缩率 "0.006"，并按回车键，然后单击对话框中的 ✔ 按钮。

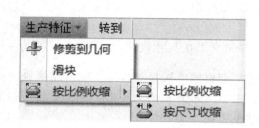

图 2-20 "生产特征"下拉菜单

图 2-21 "按尺寸收缩"对话框

"按比例收缩"菜单的说明如下：

1) 按比例收缩

按比例来设定收缩率。如果选择"按比例"收缩，则应先选择某个坐标系作为收缩基准，并且分别对 X、Y、Z 轴方向设定收缩率。采用"按比例"收缩，收缩率只会应用到参考模型，不会应用到设计模型，因此，如果在"模具"或"铸造"模块只应用"按比例收缩"，则会有如下情况：

(1) 设计模型的尺寸不会受到影响。

(2) 如果在模具模型中装配了多个参考模型，则系统将提示指定要应用收缩的模型。同时，组件偏距也被收缩。

(3) 如果在"零件"模块中将按比例收缩应用到设计模型，则"收缩"特征属于设计模型，而不属于参考模型。收缩被参考模型几何精确地反映出来，但不能在"模具"或"铸造"模式中清除。

(4) 按比例收缩的应用应先于分型曲面或体积块的定义。

(5) 按比例收缩影响零件几何(曲面和边)以及基准特征(曲线、轴、平面、点等)。

2) 按尺寸收缩

按尺寸来设定收缩率，根据选择的公式，系统用公式 $1+S$ 或 $\dfrac{1}{1-S}$ 设置比例因子。

(1) 使用 ⬚ 按尺寸收缩 方式设置收缩率时的注意事项。

① 在使用 ⬚ 按尺寸收缩 方式对参考模型设置收缩率时，收缩率也会同时应用到设计模型上，从而使设计模型的尺寸受到影响。所以，如果采用 ⬚ 按尺寸收缩 方式收缩，则可在如图 2-21 所示的"按尺寸收缩"对话框的 收缩选项 区域中，取消选择 ☑更改设计零件尺寸 选项，使设计模型恢复到没有收缩的状态，这是 ⬚ 按尺寸收缩 与 ⬚ 按比例收缩 ▶ 的主要区别所在。

② 收缩率不累积。例如，输入 0.005 作为立方体 $100 \times 100 \times 100$ 的整体收缩率，然后输入 0.01 作为一侧的收缩率，则沿此侧的距离是 $(1 + 0.01) \times 100 = 101$，而不是 $(1 + 0.005 + 0.01) \times 100 = 101.5$。尺寸的单个收缩率始终取代整体模型收缩率。

③ 配置文件选项 shrinkage_value_dispaly 用于控制模型的尺寸显示方式，它有两个可选值：percent_shrink (以百分比显示)和 final_value(按最后值显示)。

(2) "按尺寸收缩"对话框"公式"区域中的两个按钮说明。

① 1+S：收缩因子基于模型的原始几何。S 为收缩率，代表在原模型几何大小基础上放大 1+S 倍。

② $\dfrac{1}{1-S}$：收缩因子基于模型的生成几何。如果指定了收缩，则修改公式会引起所有

尺寸值或缩放值的更新。例如：用初始公式 1+S 定义了按尺寸收缩，如果将公式改为 $\dfrac{1}{1-S}$，

则系统将提示确认或取消更改，如果确认更改，则根据"按尺寸收缩"的应用规则，必须从第一个受影响的特征再生模型。在前面的公式中，如果 S 值为正值，则模型将产生放大效果；反之，若 S 值为负值，则模型将产生缩小效果。

2.1.3　设计分型面

如果采用分割(Split)的方法来产生模具元件(如上模型腔、下模型腔、型芯、滑块、镶块、销等)，则必须先根据参考模型的形状创建一系列的曲面特征，然后再以这些曲面为参考，将坯料分割成各个模具元件。用于分割参考的这些曲面称为分型曲面，也叫分型面或分模面。分割上、下型腔的分型面一般称为主分型面；分割型芯、滑块、镶块和销的分型面一般分别称为型芯分型面、滑块分型面、镶块分型面和销分型面。完成后的分型面必须与要分割的坯料或体积块完全相交，但分型面不能自身相交。分型面特征在组件级中创建，该特征的创建是模具设计的关键。

下面将创建零件 beetle_hsg_top_frame_abs.prt 模具的分型面，如图 2-22 所示，以分离模具的上模型腔和下模型腔，具体操作过程介绍如下。

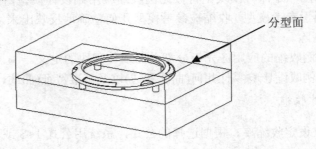

图 2-22　创建分型面

1．分型面选项卡

单击"模具"命令选项卡 分型面和模具体积块 ▾ 区域的"分型面"按钮 ，此时系统弹出"分型面"命令选项卡，如图 2-23 所示。

图 2-23　"分型面"命令选项卡

2．输入分型面名称

在"分型面"命令选项卡"控制"区域单击"属性"按钮 ，在如图 2-24 所示的"属性"对话框中输入分型面名称"main_ps"，单击 **确定** 按钮。

图 2-24　"属性"对话框

3．创建曲面

（1）选择命令。单击"分型面"命令选项卡"形状"区域的"拉伸"按钮 ，此时系统弹出如图 2-25 所示的"拉伸"命令操控板。

图 2-25　"拉伸"命令操控板

（2）定义草绘截面放置属性。在图形区单击鼠标右键，从弹出的菜单中选择 定义内部草绘… 命令，选取如图 2-26 所示的坯料表面 1 为草绘平面，接受图 2-26 中默认的箭头方向为草绘视图方向，然后选取如图 2-26 所示的坯料表面 2 为参照平面，方向为右。

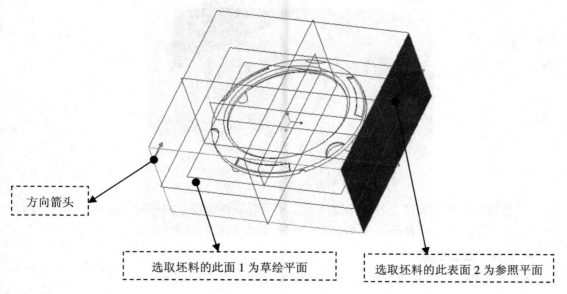

图 2-26　定义草绘平面

（3）绘制截面草图。单击"草绘"命令选项卡"设置"区域处的 参考 按钮，或在图形区单击鼠标右键，从下拉菜单中选择 参考(R)... 命令，选取如图 2-27 所示坯料的边线和 **MOLD_RIGHT** 基准面为草绘参考；绘制如图 2-27 所示的截面草图(截面草图为一条直线)，完成截面的绘制后，单击工具栏中的 ✔ 按钮。

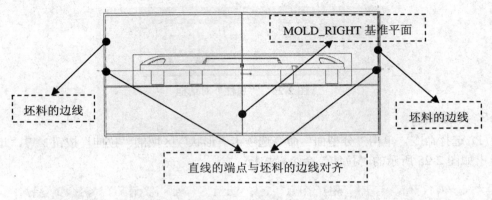

图 2-27　截面草图

(4) 设置深度选项。具体操作如下：

① 在"拉伸"命令操控板中选取深度类型 ⊥ (到选定的)，如图 2-28 所示。

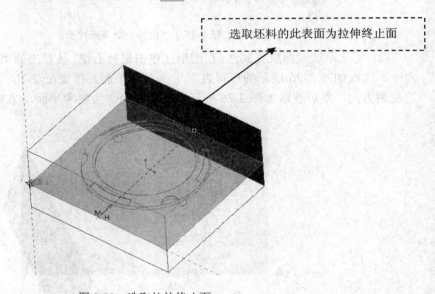

图 2-28　选取拉伸终止面

② 将模型调整到如图 2-28 所示的方位，然后选取图中所示的坯料表面为拉伸终止面。

③ 在"拉伸"命令操控板中单击完成按钮 ✔，完成特征的创建。

4. 完成分型面创建

在"分型面"命令选项卡中单击按钮 ✔，完成分型面的创建。

5. 在模型树中查看前面步骤创建的分型面特征

(1) 在如图 2-29 所示的模型树界面中，选择 � ▼ 下拉菜单中的 树过滤器(F)... 命令。

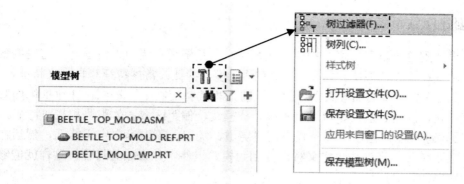

图 2-29 模型树界面

(2) 在弹出的如图 2-30 所示的"模型树项"对话框中，选中 ☑ 特征 复选框，然后单击 确定 按钮。此时，模型树中会显示出分型面特征，如图 2-31 所示。

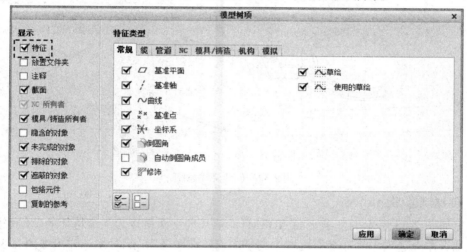

图 2-30 "模型树项"对话框

图 2-31 查看分型面特征

2.1.4　创建浇注系统

模具设计到这个阶段，需要构建浇注系统，包括浇道、浇口、流道等，这些要素以特征的形式出现在模具模型中。Creo 4.0 中有两类模具特征：常规特征和自定义特征。

(1) 常规特征是增加到模具中以促进注射进程的特定特征。这些特征包括侧面影像曲线、起模杆孔、浇道、浇口、流道、水线、拔模线、偏距区域、体积块和裁剪特征。

(2) 用户也可以预先在零件模式中创建浇道、浇口、流道等自定义特征，然后在设计模具的浇注系统时，将这些自定义特征复制到模具组件中并修改其尺寸，这样就能够大大提高工作效率。

下面的操作是在零件 beetle_hsg_top_frame_abs.prt 的模具坯料中创建如图 2-32 所示的浇注系统，以此说明在模具中创建特征的一般操作过程。

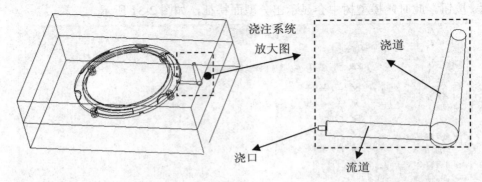

图 2-32　创建浇注系统

1. 创建浇道(Sprue)

创建如图 2-33 所示的基准平面 ADTM1，该基准平面将作为浇道特征的草绘平面。单击"模型"命令选项卡"基准"区域中的平面创建按钮 ⬜，此时系统弹出如图 2-34 所示的"基准平面"对话框；选取坯料的右侧表面作为参考平面，然后输入偏距值"4"；单击 确定 按钮。

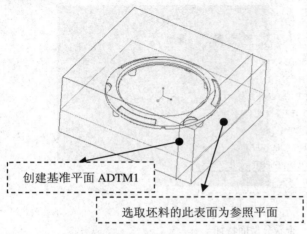

图 2-33　创建基准平面 ADTM1

图 2-34　"基准平面"对话框

创建一个旋转特征作为主流道，具体操作如下：

(1) 选择命令。单击"模型"命令选项卡 切口和曲面 ▾ 区域处的 旋转 命令按钮。

(2) 在绘图区单击鼠标右键，从快捷菜单中选择 定义内部草绘… 命令，选择 ADTM1 基准面为草绘平面，选取一个与分型面平行的坯料顶面为参考平面(见图 2-35)，方向为 上 ▾ ，单击 草绘 按钮，系统进入截面草绘环境。

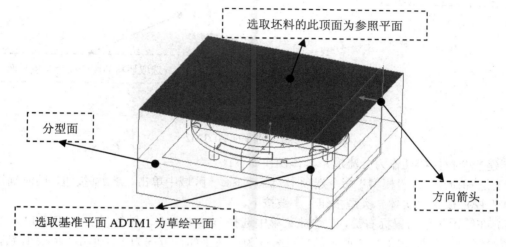

图 2-35　定义草绘平面

(3) 进入截面草绘环境后，依次选取 MOLD_FRONT 基准平面和如图 2-36 所示的边线为草绘参考，然后绘制如图 2-36 所示的截面草图(注意：要绘制旋转中心轴)。完成绘制后，单击"草绘"工具栏中的 ✔ 按钮。

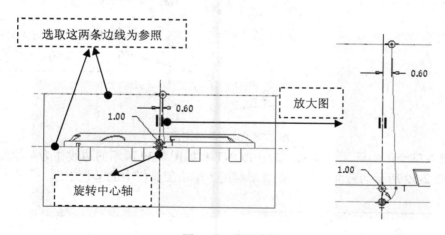

图 2-36　截面草图

(4) 在"旋转"操控板中，选取旋转角度类型 ⊥ ▾ ，旋转角度为 360°。

(5) 单击"旋转"操控板中的 ✔ 按钮，完成特征创建。

2. 创建流道(Runner)

创建如图 2-37 所示的基准平面 ADTM2，该基准平面将在后面作为流道特征的草绘平面。在"模型"命令选项卡"基准"区域单击基准平面创建按钮 ▱ ，此时系统弹出"基准平面"对话框；选取如图 2-37 所示坯料的右侧表面为参考平面，然后输入偏距值"12"，单击 确定 按钮。

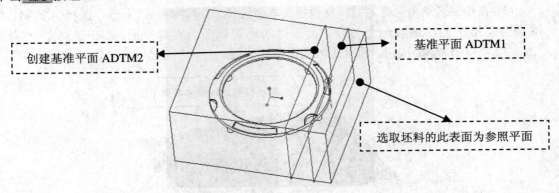

图 2-37　创建基准平面 ADTM2

创建一个拉伸特征作为分流道，具体操作如下：

(1) 选择命令。在"模型"命令选项卡 切口和曲面 ▾ 区域中单击 拉伸 按钮，同时确认"拉伸"操控板中"实体"类型按钮 □ 被按下。

(2) 在绘图区单击鼠标右键，从快捷菜单中选择 定义内部草绘… 命令，选择 ADTM2 基准面为草绘平面，选取如图 2-38 所示的坯料表面为参考平面，方向为上，单击 草绘 按钮，系统进入截面草绘环境。

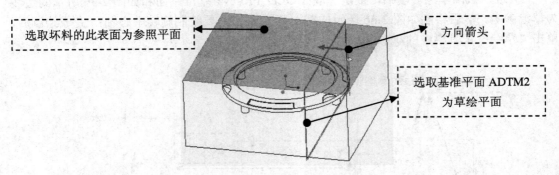

图 2-38　定义草绘平面

(3) 进入草绘环境后，选取 MOLD_FRONT 和如图 2-39 所示的边线作为草绘参考，然后绘制如图 2-39 所示的截面草图。完成绘制后，单击工具栏中的 ✔ 按钮。

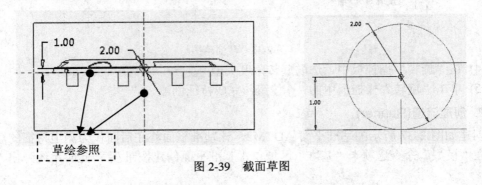

图 2-39　截面草图

（4）在"拉伸"操控板中，选取深度选项为 ⟙ (至曲面)，然后选择面 ADTM1 为拉伸终止面。

（5）单击"拉伸"操控板中的 ✔ 按钮，完成特征创建。

3．创建浇口(Gate)

创建一个拉伸特征作为流道，具体操作如下：

（1）选择命令。在"模型"命令选项卡 切口和曲面▾ 区域中单击 🗗拉伸 按钮，同时确认"拉伸"操控板中"实体"类型按钮 ▢ 被按下。

（2）在图形区单击鼠标右键，从快捷菜单中选择 定义内部草绘... 命令，选择 ADTM2 基准面为草绘平面，选取如图 2-40 所示的坯料表面为参考平面，方向为上，单击 草绘 按钮，系统进入截面草绘环境。

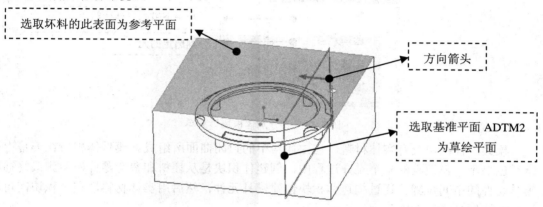

图 2-40　定义草绘平面

（3）进入草绘环境后，选取流道的截面草绘图为草绘参考，绘制如图 2-41 所示的截面草图。完成绘制后，单击工具栏中的 ✔ 按钮。

（4）在"拉伸"操控板中，选取深度选项为 ⟙ (至曲面)，选择如图 2-42 所示的参考件的外缘面为拉伸终止面。

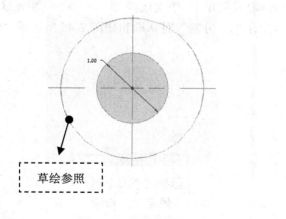

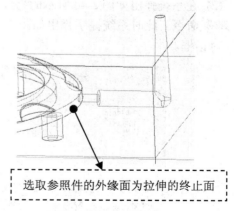

图 2-41　截面草图　　　　　　　　图 2-42　选取拉伸的终止面

（5）单击"拉伸"操控板中的 ✔ 按钮，完成特征创建。

2.1.5　创建模具元件体积块

选择"模具"命令选项卡 分型面和模具体积块 ▾ 区域中 模具体积块 ▾ 下拉菜单中的 🔲 体积块分割 命令，可进入"分割体积块"菜单，如图 2-43 所示。

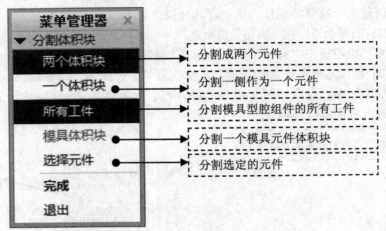

图 2-43　"分割体积块"菜单

模具的体积块没有实体材料，它由坯料中的封闭曲面所组成。模具体积块在屏幕上以紫红色显示。在模具的整个设计过程中，创建体积块是从坯料和参考零件模型到最终抽取模具元件的中间步骤。通过构造体积块创建模具元件，然后用实体材料填充体积块，可将该体积块转换成为功能强大的 Creo 零件。

下面介绍在零件 beetle_hsg_top_frame_abs.prt 的模具坯料中，利用前面创建的分型面——main_ps 将其分成上下两个体积块，这两个体积块将来会抽取为模具的上下型腔。具体操作步骤如下：

(1) 选择"模具"命令选项卡 分型面和模具体积块 ▾ 区域中 模具体积块 ▾ 下拉菜单中的 🔲 体积块分割 命令，进入"分割体积块"菜单(即用"分割"法构建模具元件体积块)。

(2) 在系统弹出如图 2-43 所示的"分割体积块"菜单中，依次选择 两个体积块 → 所有工件 → 完成 命令。此时系统提示弹出如图 2-44 所示的"分割"对话框和如图 2-45 所示的"选择"对话框。

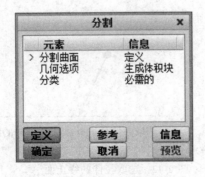

图 2-44　"分割"对话框

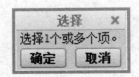

图 2-45　"选择"对话框

(3) 用"列表选取"的方法选取分型面，具体操作步骤如下：

① 在系统消息区 ⇨为分割工件选择分型面。 的信息提示下，在模型中主分型面的位置右击，从快捷菜单中选取 从列表中拾取 命令。

② 在弹出的"从列表中拾取"对话框中，选取列表中的 面组:F7(MAIN_PS) 分型面，然后单击 确定(0) 按钮。

③ 在"选择"对话框中单击 确定 按钮。

(4) 在"分割"对话框中单击 确定 按钮。此时，系统弹出如图 2-46 所示的"属性"对话框(一)，同时模型的下半部分变亮，在该对话框中单击 着色(S) 按钮，着色后的模型如图 2-47 所示；然后在"属性"对话框(一)中输入名称"MOLD_VOL_1"，单击 确定 按钮。

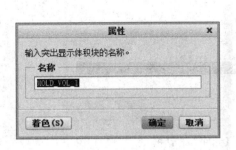

图 2-46　"属性"对话框(一)

图 2-47　着色后的下半部分体积块

(5) 系统弹出如图 2-48 所示的"属性"对话框(二)，同时模型的上半部分变亮，在该对话框中单击 着色 按钮，着色后模型翻过来，如图 2-49 所示；然后在"属性"对话框(二)中输入名称"UPPER_VOL"，单击 确定 按钮。

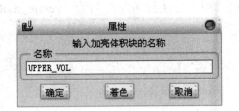

图 2-48　"属性"对话框(二)

图 2-49　着色后的上半部分体积块

2.1.6　抽取模具元件

在 Creo 4.0 模具设计中，模具元件常常是通过用实体材料填充先前定义的模具体积块而形成的，我们将这一自动执行的过程称为抽取。

完成抽取后，模具元件成为功能强大的 Creo 零件，并在模型树中显示出来。当然它们可以在"零件"模块中检索到或打开，并能用于绘图以及用于 NC 加工。在"零件"模块中可以为模具元件增加新特征，如倒角、圆角、冷却通道、拔模、浇口和流道。

　　抽取的元件保留与其父体积块的相关性，如果体积块被修改，则再生模具模型时，相应的模具元件也被更新。

　　下面以 beetle_hsg_top_frame 零件的模具为例，说明如何利用前面创建的体积块来抽取模具元件。

　　选择"模具"命令选项卡 元件 ▾ 区域 模具元件 下拉菜单中的 ⊕ 型腔镶块 命令，然后在系统弹出的如图 2-50 所示的"创建模具元件"对话框中单击"选择所有体积块"命令按钮 ▤ ，选择所有体积块，然后单击 确定 按钮。

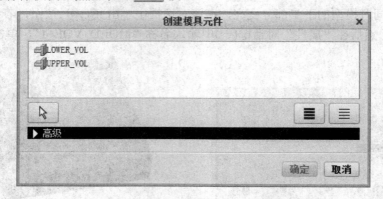

图 2-50　"创建模具元件"对话框

2.1.7　生成浇注件

　　完成了抽取元件的创建以后，系统便可产生浇注件了，在这一过程中，系统自动将熔融材料通过主流道、分流道和浇口填充到模具型腔。

　　下面以生成零件 beetle_hsg_top_frame 的浇注件为例，说明其操作过程。

　　(1) 选择"模具"命令选项卡 元件 ▾ 区域中的 🐷创建铸模 命令。

　　(2) 在如图 2-51 所示的系统提示文本框中，输入浇注件的零件名称"beetle_molding"。并单击两次 ✔ 按钮。

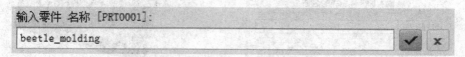

图 2-51　系统提示文本框

　　说明：从上面的操作可以看出创建浇注件的过程非常简单，那么创建浇注件有什么意义呢？下面进行简要说明。

　➢　检验分型面的正确性：如果分型面上有破孔，分型面没有与坯料完全相交，分型面自交，那么浇注件的创建将失败。

　➢　检验拆模顺序的正确性：拆模顺序不当，也会导致浇注件的创建失败。

　➢　检验流道、水线的正确性：流道、水线的设计不正确，浇注件也无法创建。

　➢　浇注件成功创建后，通过查看浇注件，可以验证浇注件是否与设计件(模型)相符，以便进一步检查分型面、体积块的创建是否完善。

➢　开模干涉检查：对于建立好的浇注件，可以在模具开启操作时进行干涉检查，以便确认浇注件可以顺利拔模。

此外，在 Creo 4.0 的"塑料顾问"模块中，用户可以对建立好的浇注件进行塑料流动分析、填充时间分析等。

2.1.8　定义模具开启

通过定义模具开启，可以模拟模具的开启过程，检查特定的模具元件在开模时是否与其他模具元件发生干涉。下面以 beetle_top_mold.asm 为例，说明开模的一般操作方法和步骤。

1．将参考零件、坯料、分型面遮蔽起来

将参考模型中的参考零件、坯料、分型面遮蔽后，工作区里模具模型中的这些元素将不显示，这样可使屏幕简洁，方便后面的模具开启操作。

1) 遮蔽参考零件和坯料

(1) 选择"视图"命令选项卡 可见性 区域的"模具显示"按钮，此时系统弹出如图 2-52 所示的"遮蔽和取消遮蔽"对话框(一)。

图 2-52　"遮蔽和取消遮蔽"对话框(一)

(2) 在"遮蔽和取消遮蔽"对话框(一)左边的"可见元件"列表中，按住 Ctrl 键，选择参考零件 ⬭ BEETLE_TOP_MOLD_REF 和坯料 ⬭ BEETLE_MOLD_WP 。

(3) 单击"遮蔽和取消遮蔽"对话框(一)下部的 遮蔽 按钮。

说明：也可以从模型树上启动"遮蔽"命令，对相应的模具元素(如参考零件、坯料、体积块、分型面)进行遮蔽。例如，对于参考零件的遮蔽，可选模型树中的 ⬭ BEETLE_TOP_MOLD_REF 项，然后单击鼠标右键，从弹出的快捷菜单中选择"遮蔽"命令。但在模具的某些设计过程中，无法采用这种方法对模具元素进行遮蔽或显示，这时就需要采用前面介绍的方法进行操作，因为在模具的任何操作过程中，用户随时都可以选择"视图"命令选项卡 可见性 区域的 🖼模具显示 按钮，对所需要的模具元素进行遮蔽或显示。由于在模具(特别是复杂的模具)的设计过程中，用户为了方便选取或查看一些模具元素，经常需要进行遮蔽或显示操作，因此建议大家要熟练掌握采用 🔲 **模具显示** 按钮对模具元素进行遮蔽或显示的操作方法。

2) 遮蔽分型面

(1) 在"遮蔽和取消遮蔽"对话框(一)右边的"过滤"区域中单击 🔲 **分型面** 按钮，此时弹出"遮蔽和取消遮蔽"对话框(二)，如图 2-53 所示。

图 2-53　"遮蔽和取消遮蔽"对话框(二)

(2) 在"遮蔽和取消遮蔽"对话框(二)的"可见曲面"列表中选择分型面 🔲MAIN_PS 。

(3) 单击"遮蔽和取消遮蔽"对话框(二)下部的 **遮蔽** 按钮。

(4) 单击"遮蔽和取消遮蔽"对话框(二)下部的 **确定** 按钮，完成操作。

说明：如果要取消参考零件、坯料的遮蔽(即在模型中重新显示这两个元件)，则可在"遮蔽和取消遮蔽"对话框(二)中按下列步骤操作：

① 单击"遮蔽和取消遮蔽"对话框(二)上部的"取消遮蔽"选项卡标签，系统打开该选项卡。

② 在"遮蔽和取消遮蔽"对话框(二)右边的"过滤"区域中单击 🔲 **元件** 按钮，此时弹出"遮蔽和取消遮蔽"对话框(三)，如图 2-54 所示。

图 2-54　"遮蔽和取消遮蔽"对话框(三)

③ 在"遮蔽和取消遮蔽"对话框(三)的"遮蔽的元件"列表中，按住 Ctrl 键，选择参考零件 ⬭ `BEETLE_TOP_MOLD_REF` 和坯料 ⬭ `BEETLE_MOLD_WP`。

④ 单击"遮蔽和取消遮蔽"对话框(三)下部分的 **取消遮蔽** 按钮。

如果要取消分型面的遮蔽，则按下列步骤操作：

① 打开"取消遮蔽"选项卡后，单击"过滤"区域中的 🅰 **分型面** 按钮，此时弹出"遮蔽和取消遮蔽"对话框(四)，如图 2-55 所示。

图 2-55　"遮蔽和取消遮蔽"对话框(四)

② 在"遮蔽和取消遮蔽"对话框(四)的"遮蔽的曲面"列表中，选择分型面 🅰`MAIN_PS`。

③ 单击"遮蔽和取消遮蔽"对话框(四)下部的 **取消遮蔽** 按钮。

2. 移动上模

(1) 选择"模具"命令选项卡"分析"区域中的"模具开模"命令按钮 ⬚，此时系统弹出如图 2-56 所示"菜单管理器"菜单。

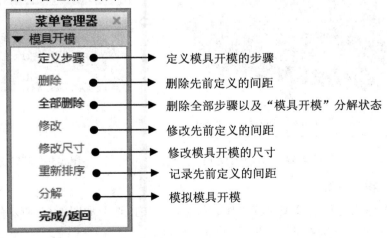

图 2-56　"菜单管理器"菜单

(2) 在如图 2-56 所示"菜单管理器"菜单中选择 定义步骤 命令，在系统弹出的如图 2-57 所示的 ▼ 定义步骤 下拉菜单中选择 定义移动 命令。

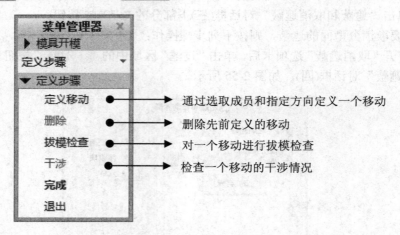

图 2-57 "定义步骤"菜单

注意：在移动前需要进行拔模检测的零件，可以选择"拔模检查"命令，进行拔模角度的检测。

(3) 用"列表选取"的方法选取要移动的模具元件。在系统消息区 ➡为迁移号码1 选择构件。 的信息提示下，选取上模；在"选取"对话框中，单击 确定 按钮。

(4) 在系统消息区 ➡通过选择边、轴或面选择分解方向。 的信息提示下，选取如图 2-58 所示的边线为移动方向，然后在系统 输入沿指定方向的位移 的信息提示下，输入要移动的距离"20"，并按回车键。

(5) 在"定义间距"菜单中选择"完成"命令。移动上模后，模型如图 2-59 所示。

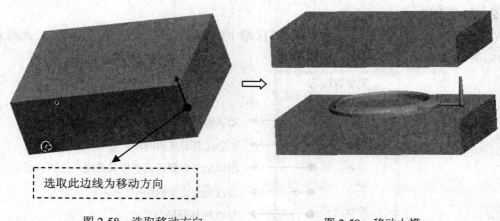

图 2-58 选取移动方向　　　　图 2-59 移动上模

3. 移动下模

(1) 参考上模的开模步骤操作方法选取下模，选取如图 2-60 所示的边线为移动方向，然后输入要移动的距离"−20"，并按回车键。

(2) 选择"完成"命令，完成上、下模的开模动作，如图 2-61 所示。

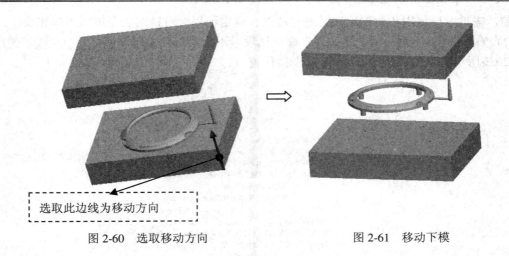

图 2-60　选取移动方向　　　　　　　　　图 2-61　移动下模

2.1.9　关于模具的精度

1．概述

Creo 4.0 中精度分为相对精度和绝对精度，系统默认精度为相对精度。模具的相对精度是相对于生成的成型产品的大小，相对精度有效范围为 0.0001～0.01，系统默认值为0.0012。配置文件选项 accuracy_lower_bound 可定义此范围的下边界，下边界指定值必须在1.0000×10^{-6}～1.0000×10^{-4} 之间。如果增加精度，则再生时间也会增加。通常，应该将相对精度值设置为小于模型的最短边长度与模型外框的最长边长度的比值。如果没有其他原因，则使用默认精度值。

在 Creo 4.0 模具设计中，由于输入文件与参考模型精度不匹配，因此系统可能提示精度冲突，此时最好设置系统的绝对精度。绝对精度改进了不同尺寸或不同精度模型的匹配性(例如在其他系统中创建的输入模型)。为避免添加新特征到模型时可能出现的问题，建议在为模型增加附加特征前，设置参考模型为绝对精度。绝对精度在以下情况下非常有用：

(1) 在操作过程中，从一个模具复制几何到另一个模具，如"合并"和"切除"。

(2) 为制造和铸造而设计的模型。

(3) 将输入几何的精度匹配到其目标模型。

在下列情况下，可能需要改变精度：

(1) 在模型上放置小特征。

(2) 两个尺寸相差很大的模型相交(通过合并或切除)。对于两个要合并的模型，它们必须具有相同的绝对精度，为此，要估计每个模型的尺寸，并乘以其相应的当前精度。如果结果不同，则需输入生成相同结果的模型的精度值，可能需要通过输入更多小数位数来提高较大模型的成型精度。例如：如果较小模型的尺寸为 200 mm 且精度为 0.01，则产生的结果为 2 mm；如果较大模型的尺寸为 2000 mm 且精度为 0.01，则产生的结果为 20 mm，只有将较大模型的精度改为 0.001 才会产生相同的结果。

2．控制模型的精度

系统默认不显示绝对精度选项，必须激活绝对精度选项才可以精心设置。改变模型精度以前，需确定要使用相对精度还是绝对精度。确定使用绝对精度后需按以下步骤操作：

(1) 如图 2-62 所示，单击"文件"命令选项卡下拉菜单中"选项"按钮  选项，弹出如图 2-63 所示的"PTC Creo Parametric"操作窗口。

图 2-62 "文件"命令选项卡下拉菜单

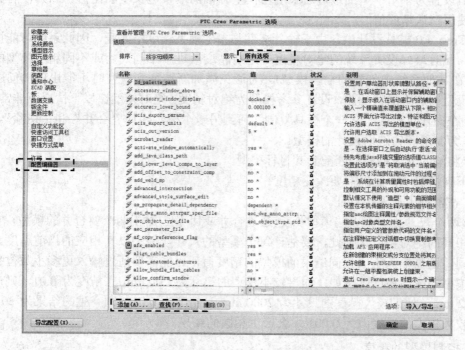

图 2-63 配置编辑器操作示意图

(2) 选择配置编辑器中"所有选项"并单击"添加"按钮，此时弹出如图 2-64 所示的"添加选项"操作窗口。在 选项名称(P): 文本框输入"enable_absolute_accuracy"，并单击 查找(F)... 按钮，此时弹出如图 2-65 所示的"查找选项"操作窗口。

图 2-64 "添加选项"操作窗口

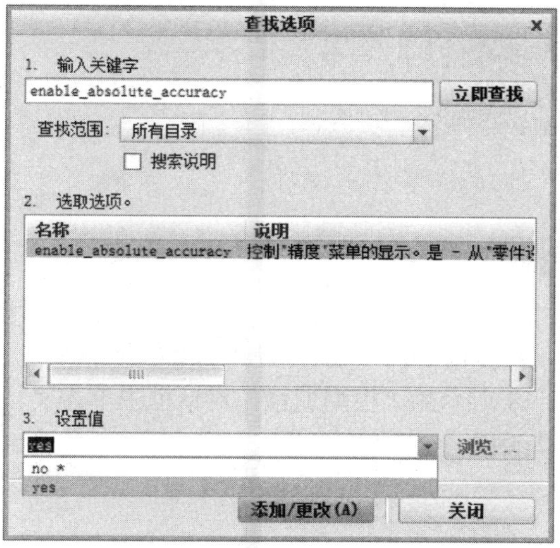

图 2-65 "查找选项"操作窗口

(3) 在"查找选项"操作窗口"设置值"项目下拉菜单中选择"yes"命令，并单击 添加/更改(A) 按钮后单击 关闭 按钮。

(4) 单击"添加选项"操作窗口中的 确定 按钮后，单击"PTC Creo Parametric"操作窗口中的 确定 按钮，此时弹出如图 2-66 所示的操作窗口，单击 是(Y) 按钮，激活系统"绝对精度"选项。

图 2-66 "绝对精度"激活确认对话框

(5) 单击"文件"命令选项卡下拉菜单中 准备(R)　　　▸ 项目下的 模型属性(I) 按钮，如图 2-67 所示。

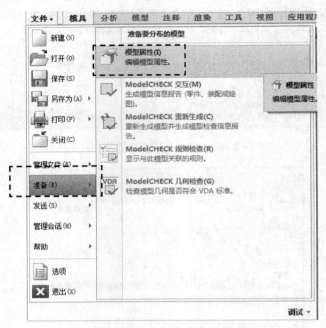

图 2-67　"模型属性"选择示意图

(6) 在弹出的如图 2-68 所示的"模型属性"对话框中单击"精度"选项下的"更改"按钮，默认相对精度为 0.0012。

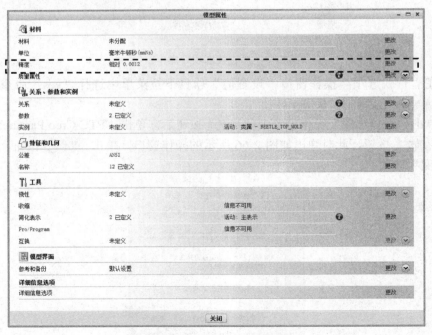

图 2-68　"模型属性"对话框

（7）在弹出的如图 2-69 所示的"精度"对话框中更改绝对精度，或者相对尺寸数值，也可以从模型导入数值。完成绝对精度设计(绝对精度的值根据需要自行设置，单位与模型单位一致)后，单击 **重新生成(R)** 按钮，返回"模型属性"对话框，这时精度显示如图 2-70 所示。

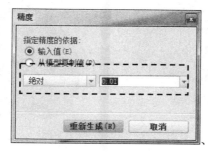

图 2-69　"精度"对话框

图 2-70　更改为绝对精度后"模型属性"对话框

注意:

➤　需要先激活系统的绝对精度选项，才可以进行绝对精度的设置。

➤　可以导出选项配置编辑器的设置结果以便以后采用，直接单击导出操作即可。

➤　如果选择"相对"命令，则初始默认值是 0.0012。

➤　如果选择"绝对"命令，并且以前的精度类型是"相对"，那么默认值就是由 default_abs_accuracy 为绝对精度指定的值(如果没有指定值，则提示仅在括号中显示精度单位)。

➤　如果选择"绝对"命令且原来的精度类型也是"绝对"，则默认值就是上次为模型指定的绝对精度值。

➤　如果选取了"从模型复制值"命令，则可再选择"浏览"命令，可从进程的不同零件指定绝对精度值。在这种情况下，"打开"对话框会出现，显示当前进程中零件名称的列表，从中选择一个零件，系统将给出该零件的绝对精度。

➤　单击 **重新生成(R)** 按钮完成绝对精度条件下的模型再生。

2.2　表盘零件模具分析与检测

2.2.1　拔模检测

拔模检测工具位于"模具"命令选项卡"分析"区域中的 拔模斜度 命令，该项目用于检测参考模型的拔模角是否符合设计需求，只有拔模角在要求的范围内，才能进行后续的模具设计工作，确定是否要进一步修改参考模型。下面以图 2-71 中的模型为例来说明拔模检测的一般操作步骤。

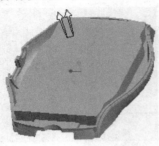

图 2-71　拔模检测的例子

1．进行零件外表面的拔模检测分析

首先设置工作目录，打开模具文件 beetle_hsg_btm_abs_mold.asm；然后遮蔽坯料，在模型树中右击 ▶ BEETLE_BTM_MOLD_WP.PRT ，选择 遮蔽 命令；最后单击"模具"命令选项卡"分析"区域的 拔模斜度 命令。在系统弹出的如图 2-72 所示的"拔模斜度分析"对话框中进行如下操作：

(1) 选择分析曲面。在模型树中选取零件 ▶ BEETLE_HSG_BTM_ABS_MOLD_REF.PRT 为要拔模分析的对象。

(2) 定义拔模方向。在"拔模斜度分析"对话框中取消选择 □ 使用拖拉方向 复选框，在 方向: 单击此处添加项 反向 区域单击 单击此处添加项 选项使其激活，然后选择 ⊿ MAIN_PARTING_PLN 基准平面作为拔模分析参考平面,此时系统显示出拔模方向(见图 2-73)和"颜色比例"对话框。由于要对零件外表面进行拔模检测，因此该方向即为正确的拔模方向，无需更改。如果拔模方向和零件表面的实际拔模方向不一致，则可以通过单击 反向 按钮调整拔模方向。

图 2-72　"拔模斜度分析"对话框

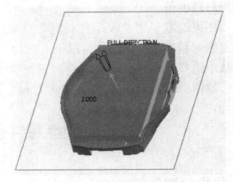

图 2-73　定义拔模方向

(3) 设置拔模角度选项。在 拔模: 2.00 文本框中设置拔模角度检测

值为 2.0。

(4) 在"拔模斜度分析"对话框 样本：|质量| 下拉列表中选择"数目"选项，然后在 数量：|□□□□□□□□□| 10 | 文本框中输入数值"4"。单击"颜色比例"对话框处的 ⊙ 按钮，此时弹出如图 2-74 所示的"拔模分析-显示设置"对话框，在该对话框中单击 ▤ 按钮。此时在参考模型上以色阶分布方式显示如图 2-75 所示的分析结果，从图中可以看出零件外表面显示为浅蓝色，表明该拔模方向和设定的拔模角度值内无拔模干涉现象。

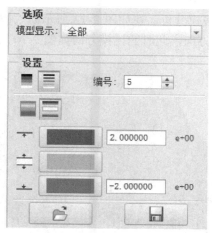

图 2-74　"拔模分析-显示设置"对话框

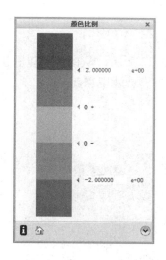
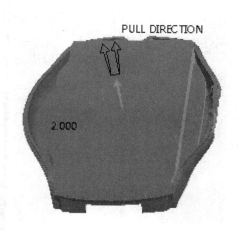

图 2-75　零件外表面拔模检测分析

图 2-74 所示对话框"设置"区域中的按钮简介如下。

① ▬：单击该按钮，以连续的比例颜色方式来显示分析结果。

② ▤：单击该按钮，以连续的非比例颜色方式来显示分析结果。

③ ▬：单击该按钮，以彩虹的出图颜色方式来显示分析结果。

④ ▤：单击该按钮，以三种颜色的方式来显示分析结果。

说明：图 2-75 所示零件上不同的部位显示不同颜色，不同颜色代表不同的拔模面，在屏幕左部带有角度刻度的竖直颜色长条上，可查出每个部位的角度值。蓝色和浅蓝色代表正值及拔模角度较大(最大可达90°)的区域；棕红色和浅棕红色表示负值及拔模角度较小(最小可达−90°)的区域；灰色则表示棕红色和蓝色值外的所有区域。

(5) 保存分析结果。在"拔模斜度分析"对话框 快速 下拉列表中选择 已保存 选项，然后在其右侧文本框中输入 CHECK_DRAFT_1 ，单击 确定 按钮。

2. 进行零件内表面的拔模检测分析

(1) 参考零件外表面的拔模分析，在如图 2-72 所示的"拔模斜度分析"对话框中，单击"反向"按钮；切换拔模方向，此时的拔模方向如图 2-76 所示。

图 2-76　定义拔模方向

(2) 对零件内表面进行拔模分析，检测结果如图 2-77 所示，从图中可以看出零件内表面为浅蓝色，表明在该拔模方向和设定拔模角度内无拔模干涉现象。

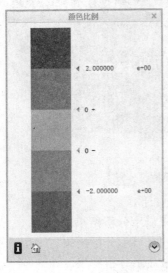
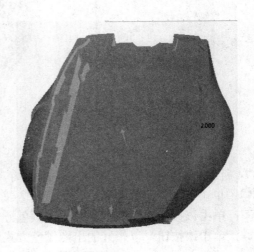

图 2-77　内表面拔模检测分析

(3) 保存分析结果。在"拔模斜度分析"对话框 快速 ▼ 下拉列表中选择 已保存 ▼ 选项，然后在其右侧文本框中输入 CHECK_DRAFT_2，单击 确定 按钮。

2.2.2　厚度检测

厚度检测(Thickness Check)用于检测参考模型的厚度是否有过大或过小的现象。厚度检测也是拆模前必须做的准备工作之一，其方式有两种：平面(Planes)和切片(Slices)。"平面"检测法是以已存在的平面为基准的，检测该基准平面与模型交截处的厚度，是较为简单的检测方法，但一次仅能检测一个截面的厚度。"切片"检测法通过切片的产生来检查零件的切片处的厚度，切片法的设定较为复杂，但可以一次检测较多的剖面。下面仍以设计零件 beetle_hsg_btm_abs.prt 为例，说明用切片检测法检测厚度的一般操作步骤。

设置工作目录，然后打开模具文件 beetle_hsg_btm_abs_mold.asm。遮蔽坯料，在模型树中右击 ▶ BEETLE_BTM_MOLD_WP.PRT ，选择 遮蔽 命令。单击"模具"命令选项卡 分析 ▼ 下拉菜单中的 截面厚度 命令，在系统弹出的如图 2-78 所示的"模型分析"对话框中进行如下操作：

(1) 确认零件区域的按钮 自动按下，选择参考零件 ▶ BEETLE_HSG_BTM_ABS_MOLD_REF.PRT 为要检查的零件，系统弹出如图 2-79 所示的"菜单管理器"对话框。

图 2-78　"模型分析"对话框　　　　　图 2-79　"菜单管理器"对话框

(2) 在"设置厚度检查"区域单击"层切面"按钮。

(3) 定义层切面的起点和终点位置。此时"起点"区域的按钮 自动按下，选取零件前部端面上的一个顶点，以定义切面的起点，如图 2-80(a)所示。此时终点区域的按钮自动按下，选取零件后部端面上的一个顶点以定义切面的终点，如图 2-80(b)所示。

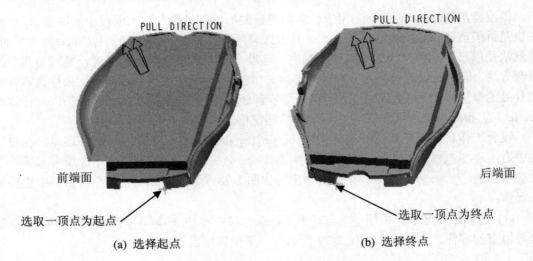

(a) 选择起点	(b) 选择终点

图 2-80　选择层切面的起点和终点

(4) 定义层切面的排列方向。在"层切面方向"下拉列表中，选择"平面"选项，然后在系统 ➡ 选择将垂直于此方向的平面。 的提示下，选取如图 2-81 所示的平面；单击"菜单管理器"对话框中的"确定"按钮，确认该图中的箭头方向为层切面的方向。

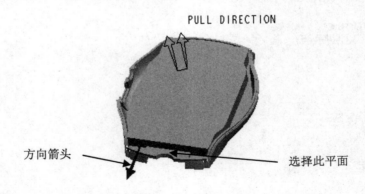

图 2-81　选取平面

(5) 设置各切面间的偏距值。设置层切面偏移的值为 6。

(6) 定义厚度的最大值和最小值。在厚度区域，设置最大厚度值为 2.5，然后选中"最小"复选框，设置最小厚度值为 0.5。

(7) 结果分析如下：

① 单击"模型分析"对话框中的"计算"按钮，系统开始进行分析，然后在"结果"栏中显示出检测的结果；也可以单击"信息"按钮 **i**，此时系统弹出如图 2-82 所示的窗口，从该窗口可以清晰地查看每一个切面的厚度是否超出设定范围以及每个切面的截面积，查

看后关闭该窗口。

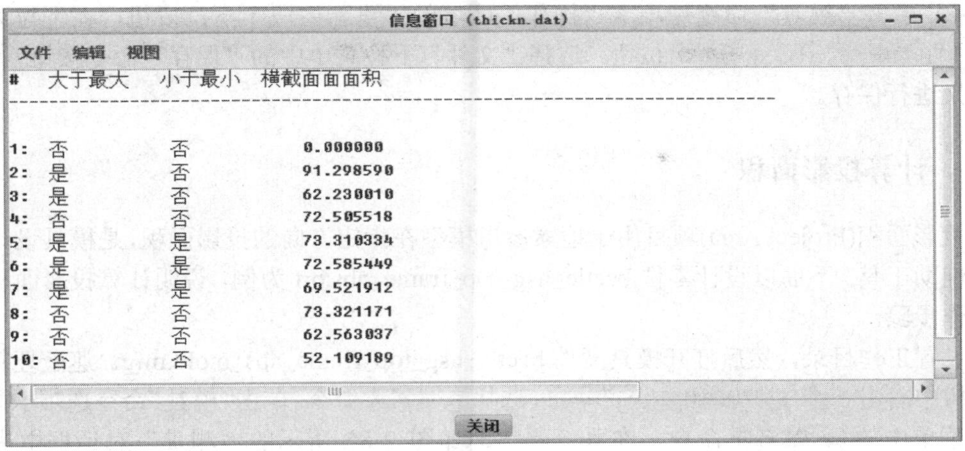

| 信息窗口 (thickn.dat) | _ □ × |

文件　编辑　视图

#	大于最大	小于最小	横截面面面积
1:	否	否	0.000000
2:	是	否	91.298590
3:	是	否	62.230010
4:	否	否	72.505518
5:	是	是	73.310334
6:	是	是	72.585449
7:	是	是	69.521912
8:	否	否	73.321171
9:	否	否	62.563037
10:	否	否	52.109189

关闭

图 2-82　信息窗口

② 单击"模型分析"对话框中的"全部显示"按钮，则参考模型上显示出全部剖面，如图 2-83 所示，图中红色剖面表示大于设定的最大厚度值，深蓝色剖面表示介于最大厚度值和最小厚度值之间，即符合厚度要求。

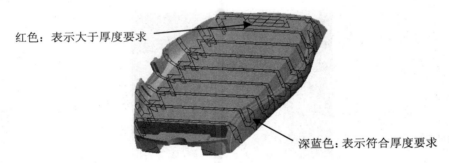

红色：表示大于厚度要求

深蓝色：表示符合厚度要求

图 2-83　显示剖面

说明：在"厚度"区域的"最小"文本框中输入厚度值"2"，然后单击"模型分析"对话框中"计算"按钮，再单击"全部显示"按钮，此时参考模型显示出全部剖面，如图 2-84 所示。图中淡蓝色表示小于设定的最小厚度值。

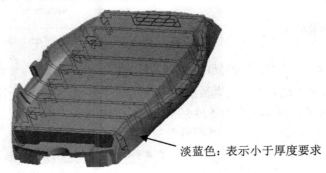

淡蓝色：表示小于厚度要求

图 2-84　显示剖面

③ 单击"模型分析"对话框中的"关闭"按钮，完成零件图的厚度检测。

(8) 单击"模具"命令选项卡"操作"区域的"重新生成"下拉按钮，在下拉菜单中单击 🔲 重新生成   Ctrl+G 按钮。选择"文件"下拉菜单中的"保存"命令按钮 🔲 保存(S) 对结果进行保存。

2.2.3 计算投影面积

投影面积(Project Area)项目用于检索参考模型在指定方向的投影面积，是模具设计和分析的辅助工具。下面以设计零件 beetle_hsg_top_frame_abs.prt 为例，说明计算投影面积的一般操作步骤。

设置工作目录，然后打开模具文件 beetle_hsg_top_frame_abs_mold.mfg。遮蔽坯料，在模型树中右击 ▶ 📁 BEETLE_MOLD_WP_1.PRT ，选择 遮蔽 命令。单击"模具"命令选项卡 分析▾ 下拉菜单中的 ⬚ 投影面积 命令，在系统弹出的如图 2-85 所示的"测量"对话框中进行如下操作：

(1) 在"图元"区域的下拉列表中选择"所有参考零件"选项。

(2) 在"投影方向"下拉列表中选择"平面"选项，此时系统提示 ⇨ 选择将垂直于此方向的平面。 ，然后选取 ▱ MAIN_PARTING_PLN 基准面为定义投影方向，如图 2-86 所示。

图 2-85   "测量"对话框

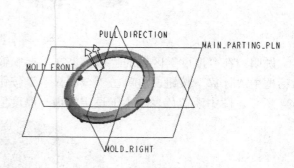

图 2-86   定义投影方向

(3) 单击"测量"对话框中的"计算"按钮，系统开始计算，然后在"结果"栏中显示出计算结果，投影面积为 529.899，如图 2-85 所示。

(4) 保存分析结果。在"测量"对话框中单击 ▾ 已保存分析 ，在"名称"文本框中输入"CHECK_Project"，单击文本框后的 保存模型时保存当前分析 按钮 🔲 。

(5) 在"测量"对话框中单击 关闭(C) 按钮，完成厚度检测。

(6) 单击"模具"功能选项卡"操作"区域中的"重新生成"按钮，在下拉菜单中单击 ⚏ 重新生成   Ctrl+G 。选择"文件"下拉菜单中的"保存"命令按钮 💾 保存(S) 对结果进行保存。

2.2.4 检测分型面

分型面检测(Part Surface Check)工具用于检查分型面是否有相交的现象，也可以用以确认分型面是否有破孔以及检测分型面的完整性。下面以一个例子详细说明分型面检测的一般操作步骤。

设置工作目录，然后打开模具文件 beetle_hsg_panel_abs_mold.asm。遮蔽坯料和参考件，按住 Ctrl 键在模型树中选择 ▶ 🝆 BEETLE_HSG_PANEL_ABS_.PRT 和 ▶ 🗀 BEETLE_HSG_PANEL_WP.PRT，然后右击鼠标，在系统弹出的快捷菜单中选择 遮蔽 命令。

单击"模具"命令选项卡 分析▾ 下拉菜单中的 分型面检查 命令，在系统弹出的如图 2-87 所示的"菜单管理器"菜单中检测分型面是否有自交。在 ▼ 零件曲面检测 菜单中选择"自相交检测"命令，系统提示 ➡ 选择要检测的曲面:，选取分型面，此时系统提示 ● 分型面在突出显示曲线中自相交。。

图 2-87 "菜单管理器"菜单

检查分型面是否有孔隙，具体操作步骤如下：

(1) 在 ▼ 零件曲面检测 菜单中选择"轮廓检查"命令，然后选取分型面。此时系统提示 ● 分型面有 10 个轮廓线，确保每个都是必需的。，同时在分型面内部的一条边线上，首先出现了由两个点组成的围线，如图 2-88 所示。由于围线在分型面内部，因此表明此处有孔隙。

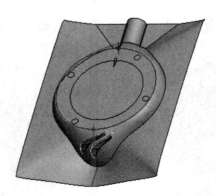

图 2-88 检测到的第一条围线

(2) 选择"下一个环"命令，如图 2-89 所示，此时分型面内部又出现了如图 2-90 所示的围线，表明此处有孔隙。

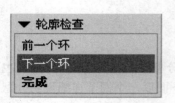

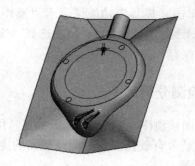

图 2-89　"轮廓检查"菜单　　　　　　图 2-90　第二处围线

（3）选择"下一个环"命令，此时分型面内部又出现了如图 2-91 所示的围线，表明此处有孔隙。再选择"下一个环"命令三次，分型面又出现了第四处、第五处和第六处围线，分别在如图 2-91 所示零件的四个圆的另外三个圆处。

（4）选择"下一个环"命令，此时分型面内部又出现了如图 2-92 所示的围线，表明此处有孔隙。

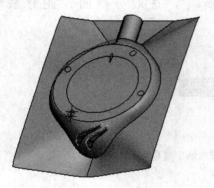

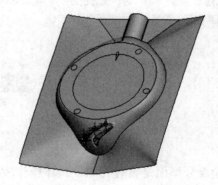

图 2-91　第三处围线　　　　　　　　图 2-92　第七处围线

（5）选择"下一个环"命令，此时分型面内部又出现了如图 2-93 所示的围线，表明此处有孔隙。

（6）选择"下一个环"命令，此时分型面内部又出现了如图 2-94 所示的围线，表明此处有孔隙。

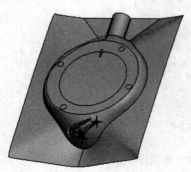

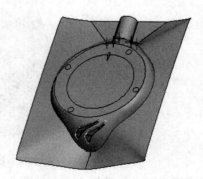

图 2-93　第八处围线　　　　　　　　图 2-94　第九处围线

(7) 选择"下一个环"命令,此时分型面上又出现了如图 2-95 所示的围线,但由于此围线在分型面的外部四周,所以该围线不是孔隙。

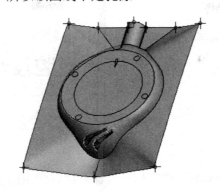

图 2-95 第十处围线

(8) 至此,十处围线已检查完毕,选择"完成"命令,完成分型面的围线检测。

思考与练习 ＋＋＋＋＋＋＋＋＋＋

1. 简述模具设计的基本流程。
2. 简述 Creo 4.0 软件可进行的模具分析类型,各有什么特点。
3. 试述模具设计工作界面消息区消息的类型有哪些。
4. 试述拔模检测分析时零件不同显示颜色的含义。

项目三

简易模具型腔设计

【内容导读】

在 Creo 4.0 中，使用分型面法进行模具设计是比较常用的模具设计方法。通过分型面法几乎可以完成从简单到复杂所有的模具设计。而此种设计方法，分型面的创建在其中起着关键作用。通过本章学习，应掌握创建分型面的各种方法，进而完成模具设计。

【知识目标】

- 熟练掌握简易分型面的设计方法。
- 掌握使用简易分型面法进行模具设计的过程。
- 掌握带型芯或者含破孔的模具型腔设计方法。
- 掌握一模多穴的模具型腔设计方法。

【能力目标】

- 能够根据实际情况，灵活运用各种方法完成模具分型面的设计。
- 能够根据零件结构，选择最合适的分型面设计。
- 能够根据零件特点，选择合适的型腔设计方法。

 相关知识 ＋＋＋＋＋＋＋＋＋＋

如果采用分割的方法来产生模具原件(如上模型腔、下模型腔、滑块、销等)，则必须先根据参照模型的形状创建一系列的曲面特征，然后再以这些曲面为参照，将坯料分割成各个模具元件。完成后的分型面必须与要分割的坯料或体积块完全相交，但分型面不能自身相交。分型面特征在组件级中创建，该特征的创建是模具设计的关键。

创建简易分型面有三种方法：第一种方法是直接以一平面作为分型面；第二种是以曲面→复制→延拓到坯料的方法来创建分型面；第三种是以曲面→复制来创建一个分型面，用拉伸的方法创建第二个分型面，将创建的两个分型面合并，以合并后的分型面作为总分型面来分割坯料。下面以实例来讲述简易分型面的创建方法。

一、拉伸法创建设计分型面

1. 新建模具制造模型

(1) 选取"新建"命令。在工具栏中单击新建文件的按钮 ▯。

(2) 在"新建"对话框中，选择 **类型** 区域中的 ▥ **制造** 按钮，选中**子类型** 区域中的

◉ 模具型腔 按钮，在**名称** 文本框中输入文件名"beetle_hsg_top_frame_abs_mold"，取消 ☑ **使用默认模板** 复选框中的 ☑ 对号，单击该对话框中的 确定 按钮。

(3) 在系统弹出的"新文件选项"对话框中的模板区域，选取 mmns_mfg_mold 模板，然后在该对话框中单击 确定 按钮。

2．建立模具模型

在开始设计一个模具前，应先创建一个"模具模型"，模具模型包括参照模型和坯料，如图 3-1 所示。

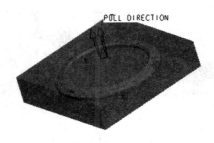

图 3-1　参照模型和坯料

(1) 单击"模具"命令选项卡"参考模型和工件"选项区域的"参考模型"按钮 🖳，并在系统弹出的下拉列表中单击 🗁 组装参考模型 命令，则系统弹出"打开"对话框。

(2) 在"打开"对话框中选取三维零件模型 beetle_hsg_top_frame_abs.prt 作为参考零件模型，然后单击"打开"按钮。

(3) 系统弹出如图 3-2 所示的"元件放置"操控板，在"约束类型"下拉列表框中选择"默认"约束，再在操控板中单击"完成"按钮 ✔。

图 3-2　"元件放置"操控板

(4) 系统弹出如图 3-3 所示的"创建参考模型"对话框，选中 ◉ 按参考合并 单选按钮，然后在 **参考模型** 名称文本框中接受系统给出的默认的参考模型名称(也可以输入其他字符作为参考模型名称)，再单击 确定 按钮。

图 3-3　"创建参考模型"对话框

参照件组装完成后，模具的基准平面与参照模型的基准平面对齐，如图 3-4 所示。

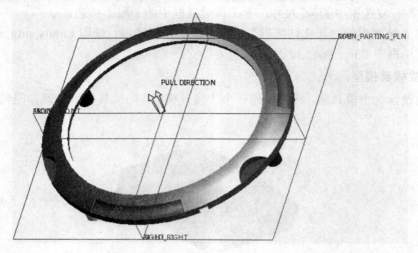

图 3-4　参照件组装完成后

3. 创建坯料

(1) 单击"模具"命令选项卡 参考模型和工件 中"工件"按钮的下拉箭头。

(2) 在弹出的下拉列表中选择 创建工件 命令。

(3) 在系统弹出的"创建元件"对话框中，选中 类型 区域中的"零件"单选按钮，选中 子类型 区域的 实体 单选按钮，在 名称 文本框中输入坯料的名称"beetle_hsg_top_frame_wp"，然后再单击 确定 按钮，如图 3-5 所示。

(4) 在系统弹出的"创建选项"对话框中，选中 创建特征 单选按钮，然后再单击 确定 按钮，如图 3-6 所示。

图 3-5　"创建元件"对话框

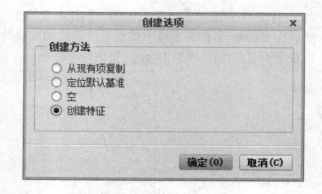

图 3-6　"创建选项"对话框

4. 创建坯料特征

(1) 选择命令。在弹出的"模具"命令选项卡中，选择 形状▼ → 拉伸 命令；此时系统出现如图 3-7 所示的实体拉伸操控板。

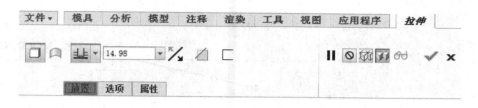

图 3-7　实体拉伸操控板

(2) 定义草绘截面放置属性。首先在操控板中，确认"实体"类型按钮 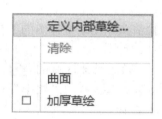 被按下。然后在绘图区中单击鼠标右键，在如图 3-8 所示的草绘快捷菜单中选择 定义内部草绘... 命令；系统弹出如图 3-9 所示的"草绘"对话框，选择 MOLD_FRONT 基准面作为草绘平面，接受系统默认的 MOLD_RIGHT 基准面作为草绘平面的参考平面，方向为右，然后单击 草绘 按钮，系统进入截面草绘环境。

图 3-8　草绘快捷菜单　　　　　　　　　　　图 3-9　"草绘"对话框

(3) 绘制特征截面。进入截面草绘环境后，系统弹出如图 3-10 所示的"参考"对话框，选取 MOLD_RIGHT 基准面和如图 3-11 所示的参照件的边线为草绘参考，然后单击 关闭(C) 按钮，绘制如图 3-11 所示的特征截面，完成绘制后，单击工具栏中的 ✓ 按钮。

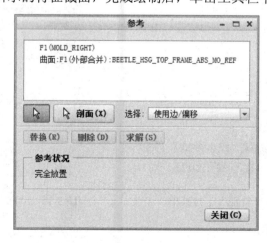

图 3-10　"参考"对话框

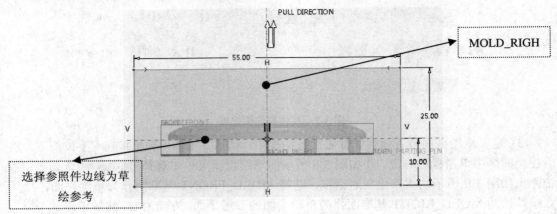

图 3-11　截面草图

(4) 选取深度类型并输入深度值。在操控板中，选取深度类型 （即"对称"），再在深度文本框中输入深度值 50，并按回车键。

(5) 预览特征。在操控板中单击 60 按钮，可预览所创建的拉伸特征。

(6) 完成特征。在操控板中单击 ✔ 按钮，完成特征的创建。

5. 设置收缩率

(1) 单击"模具"命令选项卡 生产特征 ▾ 选项按钮的下拉箭头，在系统弹出的下拉菜单中单击 按比例收缩 ▸ ，然后选择 按尺寸收缩 命令，如图 3-12 所示。

(2) 系统弹出如图 3-13 所示的"按尺寸收缩"对话框，确认 公式 区域的 1+S 按钮被按下；在 收缩选项 区域选中 ☑ 更改设计零件尺寸 复选框；在"收缩率"区域的"比率"栏中，输入收缩率"0.006"，并按回车键，然后单击对话框中的 ✔ 按钮。

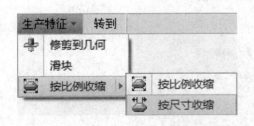

图 3-12　"生产特征"下拉菜单

图 3-13　"按尺寸收缩"对话框

6. 创建模具分型曲面

(1) 单击"模具"命令选项卡 分型面和模具体积块 ▾ 区域中的"分型面"按钮 🔲，则系统弹出"分型面"命令选项卡，如图 3-14 所示。

图 3-14 "分型面"命令选项卡

(2) 在"分型面"命令选项卡 控制 区域单击"属性"按钮 📋，在如图 3-15 所示的"属性"对话框中，输入分型面名称"main_ps"，单击 确定 按钮。

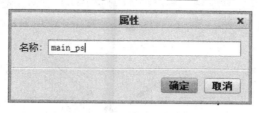

图 3-15 "属性"对话框

7．通过拉伸的方法创建分型面

(1) 选择命令。单击"分型面"命令选项卡 形状▼ 区域中的"拉伸"按钮 ，此时系统弹出如图 3-16 所示的"拉伸"命令操控板。

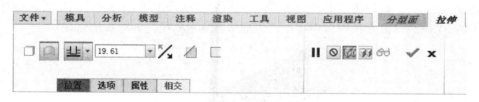

图 3-16 "拉伸"命令操控板

(2) 定义草绘截面放置属性。在图形区单击鼠标右键，从弹出的菜单中选择 定义内部草绘... 命令，选取如图 3-17 所示的坯料表面 1 为草绘平面，接受图 3-17 中默认的箭头方向为草绘视图方向，然后选取如图 3-17 所示的坯料表面 2 为参考平面，方向为右。

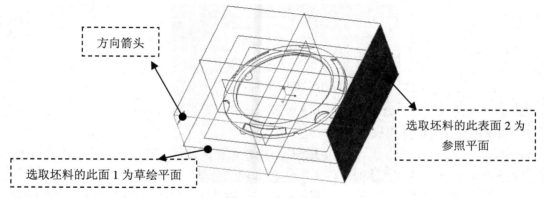

图 3-17 定义草绘平面

(3) 绘制截面草图。单击"草绘"命令选项卡 设置▼ 区域中的 🔲 参考 按钮，或在图形区单击鼠标右键，从下拉菜单中选择 参考(R)... 命令按钮，选取如图 3-18 所示的坯料的边线和 MOLD_RIGHT 基准面为草绘参考；绘制如图 3-18 所示的截面草图(截面草图为一条直线)，完成截面的绘制后，单击工具栏中的 ✔ 按钮。

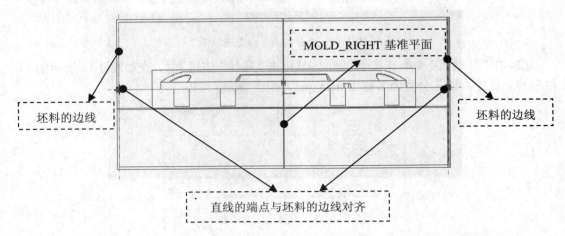

图 3-18   截面草图

(4) 设置深度选项，操作步骤如下：

① 在"拉伸"命令操控板中，选取深度类型 ⊥ (到选定的)。

② 将模型调整到如图 3-19 所示的方位，然后选取图中所示的坯料表面为拉伸终止面。

③ 在"拉伸"命令操控板中单击"完成"按钮 ✔，完成特征的创建。

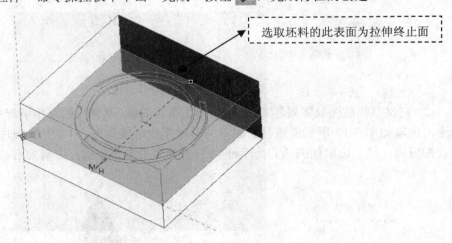

图 3-19   选取拉伸终止面

(5) 在"分型面"命令选项卡中单击 ✔ 按钮，完成分型面的创建。

8. 构建模具元件的体积块

(1) 选择"模具"命令选项卡 分型面和模具体积块▼ 区域中 模具体积块▼ 下拉菜单中的 🗗 体积块分割 命令，进入"分割体积块"菜单(即用"分割"法构建模具元件体积块)。

(2) 在系统弹出的"分割体积块"菜单中，依次选择 两个体积块 → 所有工件 → 完成 命令。此时系统提示弹出如图 3-20 所示的"分割"对话框和如图 3-21 所示的"选择"对话框。

图 3-20　"分割"对话框　　　　　图 3-21　"选择"对话框

(3) 用"列表选取"的方法选取分型面，具体操作步骤如下：

① 在系统消息区 □为分割工件选择分型面. 的提示下，在模型中主分型面的位置单击鼠标右键，从快捷菜单中选取 从列表中拾取 命令。

② 在弹出的"从列表中拾取"对话框中，选取列表中的 面组:F7(MAIN_PS) 分型面，然后单击 确定(O) 按钮。

③ 在"选择"对话框中单击 确定 按钮。

(4) 在"分割"对话框中单击 确定 按钮。此时，系统弹出如图 3-22 所示的"属性"对话框(一)，同时模型的下半部分变亮，在该对话框中单击 着色(S) 按钮，着色后的模型如图 3-23 所示；然后在对话框中输入名称"MOLD_VOL_1"，单击 确定 按钮。

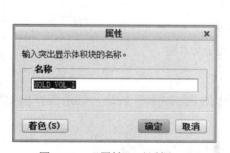

图 3-22　"属性"对话框(一)　　　　图 3-23　着色后的下半部分体积块

(5) 系统弹出如图 3-24 所示的"属性"对话框(二)，同时模型的上半部分变亮，在该对话框中单击 着色 按钮，着色后模型翻过来如图 3-25 所示；然后，在对话框中输入名称"MOLD_VOL_2"，单击 确定 按钮。

图 3-24　"属性"对话框(二)　　　　图 3-25　着色后的上半部分体积块

9. 抽取模具元件

选择"模具"命令选项卡 元件▾ 区域 模具元件▾ 下拉菜单中的 型腔镶块 命令，然后在系统弹出的如图 3-26 所示的"创建模具元件"对话框中，单击"选择所有体积块"命令按钮 ▤ ，选择所有体积块，然后单击 确定 按钮。

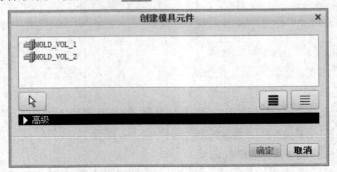

图 3-26   "创建模具元件"对话框

10. 生成浇注件

(1) 选择"模具"命令选项卡 元件▾ 区域中的 创建铸模 命令。

(2) 在如图 3-27 所示的系统提示文本框中，输入浇注件名"beetle_hsg_top_frame_molding"，并单击两次 ✔ 按钮。

图 3-27   系统提示文本框

11. 隐藏分型面、坯料和模具元件

(1) 选择"视图"命令选项卡 可见性 区域中的 模具显示 按钮，则系统弹出如图 3-28 所示的"遮蔽和取消遮蔽"对话框(一)。

图 3-28   "遮蔽和取消遮蔽"对话框(一)

(2) 遮蔽坯料和模具元件，具体操作步骤如下：

① 在"遮蔽和取消遮蔽"对话框左边的"可见元件"列表中，按住 Ctrl 键，选择参考零件 BEETLE_TOP_MOLD_REF 和坯料 BEETLE_MOLD_WP 。

② 单击对话框下部的 遮蔽 按钮。

(3) 遮蔽分型面，操作步骤如下：

① 在"遮蔽和取消遮蔽"对话框右边的"过滤"区域中按下 分型面 按钮，此时"遮蔽和取消遮蔽"对话框(二)如图 3-29 所示。

图 3-29 "遮蔽和取消遮蔽"对话框(二)

② 在对话框的"可见曲面"列表中选择分型面 MAIN_PS 。

③ 单击对话框下部的 遮蔽 按钮。

④ 单击对话框下部的 确定 按钮。

12. 开模

1) 移动上模

(1) 选择"模具"命令选项卡 分析 区域中的"模具开模"命令按钮 ，则系统弹出如图 3-30 所示"菜单管理器"菜单。

(2) 选择"菜单管理器"中的 定义步骤 命令，在系统弹出的如图 3-31 所示的 定义步骤 下拉菜单中选择 定义移动 命令。

图 3-30 "菜单管理器"菜单

图 3-31 "定义步骤"菜单

（3）用"列表选取"的方法选取要移动的模具元件。在系统消息区 <kbd>➡为迁移号码1选择构件。</kbd> 的信息提示下，选取上模；在"选取"对话框中，单击 <kbd>确定</kbd> 按钮。

（4）在系统消息区 <kbd>➡通过选择边、轴或面选择分解方向。</kbd> 的信息提示下，选取如图3-32所示的边线为移动方向，然后在系统 <kbd>输入沿指定方向的位移</kbd> 的信息提示下，输入要移动的距离"20"，并按回车键。

（5）在"定义步骤"菜单中，选择"完成"命令。移动上模后，模型如图3-33所示。

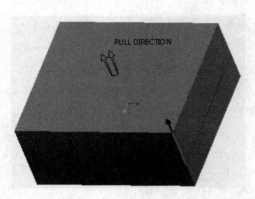

图 3-32　选取移动方向

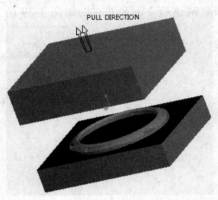

图 3-33　移动上模

2）移动下模

（1）参照上模的开模步骤操作方法，选取下模，选取如图3-32所示的边线为移动方向，然后输入要移动的距离"-20"。

（2）在"定义步骤"菜单中选择"完成"命令，完成下模的移动。

（3）在"模具开模"菜单中选择"完成/返回"命令，完成后的模具模型如图3-34所示。

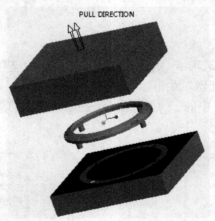

图 3-34　完成开模后的模具模型

二、复制延伸法设计分型面示例 1

1. 新建模具制造模型

（1）选取"文件"下拉菜单中的"新建"命令(或在快速访问工具栏中单击"新建文件"

按钮 □）。

(2) 在"新建"对话框中，选择 类型 区域中的 ⊙ 📋 制造 按钮，选中 子类型 区域中的 ⊙ 模具型腔 按钮，在 名称 文本框中输入文件名"beetle_hsg_panel_abs_mold"，取消 ☑ 使用缺省模板 复选框中的对号，单击该对话框中的 确定 按钮。

(3) 在系统弹出的"新文件选项"对话框中的模板区域选取 mmns_mfg_mold 模板，然后在该对话框中单击 确定 按钮。

2. 建立模具模型

1) 引入参考模型

(1) 单击"模具"命令选项卡"参考模型和工件"选项区域中的 🗂 按钮，并在系统弹出的下拉列表中单击 📂 组装参考模型 命令，此时系统弹出"打开"对话框。

(2) 在"打开"对话框中选取三维零件模型 beetle_hsg_panel_abs.prt 作为参考零件模型，然后单击"打开"按钮。

(3) 在元件放置操控板的"约束类型"下拉列表框中选择"默认"约束，再在操控板中单击"完成"按钮 ✔。

(4) 在"创建参考模型"对话框中，选中 ⊙ 按参考合并 单选按钮，然后在 参考模型 名称文本框中接受系统给出的默认的参考模型名称(也可以输入其他字符作为参考模型名称)，再单击 确定 按钮。

2) 创建坯料

手动创建如图 3-35 所示的坯料，操作步骤如下：

图 3-35 创建模具坯料

(1) 单击"模具"命令选项卡 参考模型和工件 区域中"工件"按钮的下拉箭头。

(2) 在弹出的下拉列表中选择 ▱ 创建工件 命令。

(3) 在系统弹出的"创建元件"对话框中，选中 类型 区域中的 ⊙ 零件 单选按钮，选中 子类型 区域中的 ⊙ 实体 单选按钮，在 名称 文本框中输入坯料的名称"beetle_hsg_panel_wp"，然后再单击 确定 按钮。

(4) 在系统弹出的"创建选项"对话框中，选中 ⊙ 创建特征 单选按钮，然后再单击 确定 按钮。

3) 创建坯料特征

(1) 选择命令。在弹出的"模具"命令选项卡中，选择 形状 ▾ → 拉伸命令；此时系统出现实体拉伸操控板。

(2) 定义草绘截面放置属性。首先在实体拉伸操控板中,确认"实体"类型按钮 ⬜ 被按下。然后在绘图区中右击,在出现的草绘快捷菜单中选择 定义内部草绘... 命令;系统弹出"草绘"对话框,选择 MOLD_FRONT 基准面作为草绘平面,接受系统默认的 MOLD_RIGHT 基准面作为草绘平面的参考平面,方向为右。最后单击 草绘 按钮,系统进入截面草绘环境。

(3) 绘制特征截面。进入截面草绘环境后,选取 ⬭ MOLD_RIGHT 基准面和 ⬭ MAIN_PARTING_PLN 基准面为草绘参考,绘制如图 3-36 所示的特征截面,完成绘制后,单击工具栏中的 ✔ 按钮。

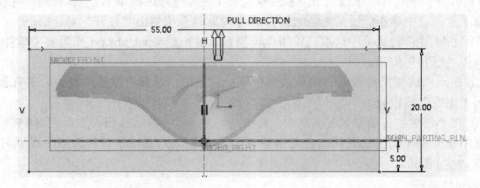

图 3-36 截面草图

(4) 选取深度类型并输入深度值。在操控板中,选取深度类型 ⊟▾ (即"对称"),再在深度文本框中输入深度值"70",并按回车键。

(5) 预览特征。在操控板中单击 👓 按钮,可预览所创建的拉伸特征。

(6) 完成特征。在操控板中单击 ✔ 按钮,则可完成特征的创建。

3.设置收缩率

(1) 单击"模具"命令选项卡 生产特征▾ 选项按钮的下拉箭头,在系统弹出的下拉菜单中单击 🔳 按比例收缩 ▶ 按钮,然后选择 🔳 按尺寸收缩 命令。

(2) 在系统弹出的"按尺寸收缩"对话框中,确认 公式 区域中的 1+S 按钮被按下;在 收缩选项 区域选中 ☑更改设计零件尺寸 复选框;在"收缩率"区域的"比率"栏中,输入收缩率"0.006",并按回车键,然后单击对话框中的 ✔ 按钮。

4.创建模具分型曲面

以下操作是创建模具的分型曲面,其操作过程如下。

1) 曲面复制

通过曲面复制的方法,复制参照模型上的外表面。

(1) 为了方便选取图元,将坯料遮蔽。在模型树中右击 ▶ ⬭ BEETLE_HSG_PANEL_WP.PRT ,从弹出的快捷菜单中选择"遮蔽"命令。

(2) 采用"种子面与边界面"的方法选取所需要的曲面。为方便选取,在屏幕右下方的"智能选取栏"中选择"几何"选项。

① 选取种子面。将模型调整到图 3-37 所示视图方位，将鼠标指针移到模型中的目标位置，选取模型内底面为种子面。

② 选取边界面(模型外表面)。按住 Shift 键依次选取图 3-38 和图 3-39 所示的模型外表面。

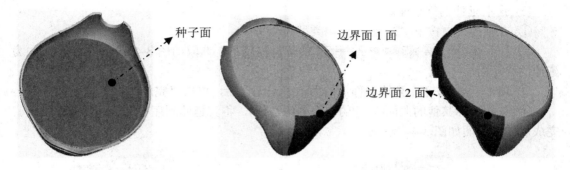

图 3-37　定义种子面　　　　图 3-38　定义边界面 1　　　　图 3-39　定义边界面 2

(3) 单击"模具"命令选项卡 操作▾ 区域中的 📋复制 按钮；然后单击 📋粘贴▾ 按钮。在系统弹出的 *曲面：复制* 操控板中单击 ✔ 按钮。

2) 创建分型面

(1) 单击"模具"命令选项卡 分型面和模具体积块▾ 区域中的"分型面"按钮 ◻，则系统弹出"分型面"命令选项卡。

(2) 在"分型面"命令选项卡 控制 区域单击"属性"按钮 📄，在如图 3-40 所示的"属性"对话框中，输入分型面名称"main_ps"，单击按 确定 按钮。

图 3-40　"属性"对话框

3) 将复制后的表面延伸至坯料表面

(1) 在模型树中右击 📄BEETLE_HSG_PANEL_WP.PRT，在弹出的快捷菜单中选择 取消遮蔽 命令。

(2) 首先要注意，要延伸的曲面是前面的复制曲面，延伸边线是该复制曲面端部的边线，该边线由若干段圆弧和曲线组成。

① 选取第一曲线延伸边。将鼠标指针移至模型中的目标位置，即图 3-41 中的曲线附近，再左击，选中需要延伸的边线。

② 单击 模型 命令选项卡中的 修饰符▾ 按钮，在下拉菜单中单击 ➡ 延伸 按钮，此时出现如图 3-42 所示的延伸操控板。

图 3-41　选取需要延伸的边线

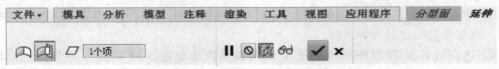

图 3-42　延伸操控板

(3) 选取延伸的终止面。

① 在操控板中按下 按钮(延伸类型为至平面)。

② 在系统 选择曲面延伸所至的平面。 的信息提示下，选取如图 3-43 所示的坯料表面为延伸的终止面。

③ 单击 6d 按钮，预览延伸后的面，确定无误后，单击"完成"按钮 。

④ 依次选择其他的曲面(零件的整个外缘边线)，将其延伸到坯料，步骤如前面三步。完成后的分型面如图 3-44 所示。

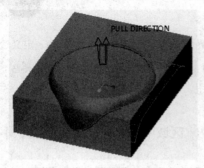

图 3-43　延伸的终止面　　　　　　　图 3-44　延伸后的分型面

(4) 在"分型面"命令选项卡中单击分型面"完成"按钮 ，完成分型面的创建。

5. 构建模具元件的体积块

(1) 选择"模具"命令选项卡 分型面和模具体积块 区域 模具体积块 下拉菜单中的 体积块分割 命令，进入"分割体积块"菜单。

(2) 在系统弹出的"分割体积块"菜单中，依次选择 两个体积块 → 所有工件 → 完成 命令。此时系统提示弹出如图 3-45 所示的"分割"对话框和如图 3-46 所示的"选择"对话框。

图 3-45　"分割"对话框　　　　　　图 3-46　"选择"对话框

(3) 用"列表选取"的方法选取分型面。

① 在系统消息区 为分割工件选择分型面。 的信息提示下，在模型中主分型面的位置单击鼠标右键，从快捷菜单中选取 从列表中拾取 命令。

② 在弹出的"从列表中拾取"对话框中，选取列表中的 面组:F7(MAIN_PS) 分型面，然后

单击 **确定(0)** 按钮。

③ 在"选择"对话框中单击 **确定** 按钮。

(4) 在"分割"对话框中单击 **确定** 按钮，系统弹出如图 3-47 所示的"属性"对话框(一)，同时模型中的下半部分变亮，采用系统默认的名称，单击 **确定** 按钮。

(5) 此时，系统弹出如图 3-48 所示的"属性"对话框(二)，同时模型的上半部分变亮，采用系统默认的名称，单击 **确定** 按钮。

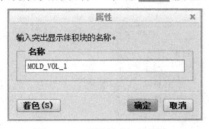
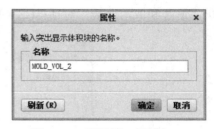

　　图 3-47　"属性"对话框(一)　　　　　　图 3-48　"属性"对话框(二)

6．抽取模具元件

选择"模具"命令选项卡 **元件▼** 区域 **模具元件** 下拉菜单中的 **型腔镶块** 命令，在系统弹出的"创建模具元件"对话框中单击"选择所有体积块"命令按钮 ，选择所有体积块，然后单击 **确定** 按钮。

7．生成浇注件

(1) 选择"模具"命令选项卡 **元件▼** 区域中的 **创建铸模** 命令。

(2) 在如图 3-49 所示的系统提示文本框中，输入浇注件零件名称"beetle_hsg_panel_molding"，并单击两次 **✓** 按钮。

　　图 3-49　系统提示文本框

8．隐藏分型面、坯料和模具元件

(1) 选择"视图"命令选项卡 **可见性** 区域中的 **模具显示** 按钮，则系统弹出如图 3-50 所示的"遮蔽和取消遮蔽"对话框(一)。

　　图 3-50　"遮蔽和取消遮蔽"对话框(一)

(2) 遮蔽坯料和模具元件。

① 在"遮蔽和取消遮蔽"对话框(一)左边的"可见元件"列表中，按住 Ctrl 键，选择参考零件 BEETLE_HSG_PANEL_ABS 和坯料 BEETLE_HSG_PANEL_WP。

② 单击"遮蔽和取消遮蔽"对话框(一)下部的 遮蔽 按钮。

(3) 遮蔽分型面。

① 在"遮蔽和取消遮蔽"对话框(一)右边的"过滤"区域中按下 分型面 按钮，此时弹出"遮蔽和取消遮蔽"对话框(二)(见图 3-51)。

图 3-51 "遮蔽和取消遮蔽"对话框(二)

② 在"遮蔽和取消遮蔽"对话框(二)的"可见曲面"列表中选择分型面 MAIN_PS。

③ 单击"遮蔽和取消遮蔽"对话框(二)下部的 遮蔽 按钮。

(4) 单击"遮蔽和取消遮蔽"对话框(二)下部的 确定 按钮。

9. 开模

1) 移动上模

(1) 选择"模具"命令选项卡 分析 区域中的"模具开模"命令按钮 。

(2) 在系统弹出的"菜单管理器"菜单中选择 定义步骤 命令，在系统弹出的 定义步骤 下拉菜单中选择 定义移动 命令。

(3) 用"列表选取"的方法选取要移动的模具元件。在系统消息区 为迁移号码1选择构件。 的信息提示下，选取上模；在"选取"对话框中，单击 确定 按钮。

(4) 在系统 通过选择边、轴或面选择分解方向。 的信息提示下，选取如图 3-52 所示的边线为移动方向，然后在系统 输入沿指定方向的位移 的信息提示下，输入要移动的距离"20"，并按回车键。

(5) 在"定义步骤"菜单中，选择"完成"命令，完成上模的移动。

图 3-52 选取移动方向

2) 移动下模

(1) 参照上模的开模步骤操作方法选取下模，选取上图 3-52 所示的边线为移动方向，然后输入要移动的距离"–20"。

(2) 在"定义步骤"菜单中选择"完成"命令，完成下模的移动。

(3) 在"模具开模"菜单中选择"完成/返回"命令，完成后的模具如图 3-53 所示。

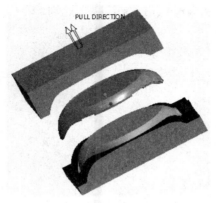

图 3-53　完成开模后的模具模型

三、复制延伸法设计分型面示例 2

1. 新建模具制造模型

(1) 选取"文件"下拉菜单中的"新建"命令(或在快速访问工具栏中单击"新建文件"按钮 ▢)。

(2) 在"新建"对话框中，选择 类型 区域中的 ◉ 📙 制造 按钮，选中 子类型 区域中的 ◉ 模具型腔 按钮，在 名称 文本框中输入文件名"beetle_3keys_mold"，取消 ☑ 使用缺省模板 复选框中的对号，单击该对话框中的 确定 按钮。

(3) 在系统弹出的"新文件选项"对话框中的模板区域选取 mmns_mfg_mold 模板，然后在该对话框中单击 确定 按钮。

2. 建立模具模型

1) 引入参照模型

(1) 单击"模具"命令选项卡"参考模型和工件"选项区域的"参考模型"按钮 🗄，并在系统弹出的下拉列表中单击 🗐 组装参考模型 命令，此时系统弹出"打开"对话框。

(2) 在"打开"对话框中选取三维零件模型 beetle_3keys.prt 作为参考零件模型，然后单击"打开"按钮，系统弹出如图 3-54 所示的"元件放置"操控板。

图 3-54　"元件放置"操控板

(3) 指定第一个约束。

① 在操控板中单击 放置 按钮。

② 在"放置"界面的"约束类型"下拉列表中选择 工 重合 。

③ 选取参照件的 FRONT 基准面为元件参照，选取装配体的 MOLD_RIGHT 基准面为组件参照，如图 3-55 所示。

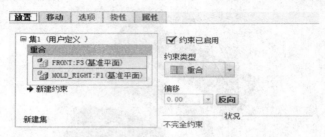

图 3-55 "放置"操控板

(4) 指定第二个约束。

① 单击 → 新建约束 字符。

② 在"约束类型"下拉列表中选择 工 重合 。

③ 选择参照件的 RIGHT 基准平面为元件参照，选取装配体的 MAIN_PARTING_PLN 基准平面为组件参照。

(5) 指定第三个约束。

① 单击 → 新建约束 字符。

② 在"约束类型"下拉列表中选择 工 重合 。

③ 选择参照件的 TOP 基准平面为元件参照，选取装配体的 MOLD_FRONT 基准平面为组件参照。

④ 至此，约束定义完成，在操控板中单击"完成"按钮 ✓ 。

(6) 在系统弹出的"创建参考模型"对话框选中 ◉ 按参考合并 单选按钮，然后在 参考模型 名称文本框中接受系统给出的默认参考模型名称(也可以输入其他字符作为参考模型名称)，再单击 确定 按钮。

2) 创建坯料

手动创建如图 3-56 所示的坯料，操作步骤如下：

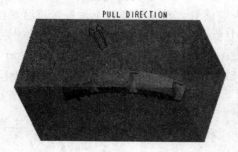

图 3-56 创建坯料

(1) 单击"模具"命令选项卡 参考模型和工件 中 工件 按钮的下拉箭头。

(2) 在弹出的下拉列表中选择 创建工件 命令。

(3) 在系统弹出的"创建元件"对话框中，选中 类型 区域中的 ⦿零件 单选按钮，选中 子类型 区域中的 ⦿实体 单选按钮，在 名称 文本框中输入坯料的名称"beetle_3keys_wp"，然后再单击 确定 按钮。

(4) 在系统弹出的"创建选项"对话框中选中 ⦿创建特征 单选按钮，然后再单击 确定 按钮。

3) 创建坯料特征

(1) 选择命令。在弹出的"模具"命令选项卡中，选择 形状▾ → 拉伸 命令，此时系统出现实体拉伸操控板。

(2) 定义草绘截面放置属性。首先在实体拉伸操控板中，确认"实体"类型按钮 ▭ 被按下。然后在绘图区中单击鼠标右键，在出现的草绘快捷菜单中选择 定义内部草绘… 命令；系统弹出"草绘"对话框，选择 MOLD_RIGHT 基准面作为草绘平面，接受系统默认的 MAIN_PARTING_PLN 基准面作为草绘平面的参考平面，方向为左，然后单击 草绘 按钮，系统进入截面草绘环境。

(3) 绘制特征截面。进入截面草绘环境后，选取 ▱ MOLD_FRONT 基准面和 ▱ MAIN_PARTING_PLN 基准面为草绘参考，绘制如图 3-57 所示的特征截面，完成绘制后，单击工具栏中的 ✔ 按钮。

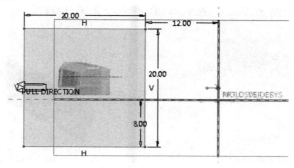

图 3-57　截面草图

(4) 选取深度类型并输入深度值。在操控板中选取深度类型 ⊟▾(即"对称")，再在深度文本框中输入深度值"40"，并按回车键。

(5) 预览特征。在操控板中单击 ∞ 按钮，可预览所创建的拉伸特征。

(6) 完成特征。在操控板中单击 ✔ 按钮，完成特征的创建。

3. 设置收缩率

(1) 单击"模具"命令选项卡 生产特征▾ 选项按钮的下拉箭头，在系统弹出的下拉菜单中单击 按比例收缩 ▸，然后选择 按尺寸收缩 命令。

(2) 在系统弹出的"按尺寸收缩"对话框中确认 公式 区域的 1+S 按钮被按下；在 收缩选项 区域选中 ☑更改设计零件尺寸 复选框；在"收缩率"区域的"比率"栏中，输入收缩率"0.006"，并按回车键，然后单击对话框中的 ✔ 按钮。

4. 创建模具分型曲面

1) 创建第一个分型面

创建模具分型曲面的操作过程如下：

(1) 单击"模具"命令选项卡 分型面和模具体积块 ▾ 区域的"分型面"按钮 ▦，则系统弹出"分型面"命令选项卡。

(2) 在"分型面"命令选项卡 控制 区域单击"属性"按钮 ▤，在如图 3-58 所示的"属性"对话框中，输入分型面名称"key1_ps"，单击 确定 按钮。

图 3-58　"属性"对话框

(3) 为了方便选取图元，将坯料遮蔽。在模型树中右击 ▸ ▧ BEETLE_3KEYS_WP.PRT ，从弹出的快捷菜单中选择"遮蔽"命令。

(4) 通过曲面复制的方法，复制参照模型上的外表面。采用"种子面与边界面"的方法选取所需的曲面。为方便选取，在屏幕右下方的"智能选取栏"中选择"几何"选项。

① 选取种子面。将模型调整到图 3-59 所示的视图方位，将鼠标指针移到模型中的目标位置，选取模型上表面为种子面。

② 选取边界面(模型下表面)。按住 Shift 键选取如图 3-60 所示的模型下表面。

图 3-59　定义种子面

图 3-60　定义边界面

(5) 单击"模具"命令选项卡 操作 ▾ 区域中的 ▤复制 按钮；然后单击 ▣粘贴 ▾ 按钮。在系统弹出的 *曲面：复制* 操控板中单击 ✓ 按钮。

注意：如果边界面是由多个曲面组成的，则在选取"边界面"的过程中，要保证 Shift 键始终被按下，直至所有的曲面均选取完毕，否则不能达到预期的效果。

2) 创建第二个分型面

通过拉伸的方法创建分型面，其操作过程如下：

(1) 单击"模具"命令选项卡 分型面和模具体积块 ▾ 区域中的"分型面"按钮 ▦，则系统弹出"分型面"命令选项卡。

(2) 在"分型面"命令选项卡 控制 区域单击"属性"按钮 ▤，在如图 3-61 所示的"属性"对话框中输入分型面名称"key2_ps"，单击 确定 按钮。

(3) 将坯料的遮蔽取消。鼠标右键单击模型树中的 ▧ BEETLE_3KEYS_WP.PRT ，在弹出的快捷菜单中单击 取消遮蔽 命令。

图 3-61　"属性"对话框

（4）选择命令。单击"分型面"命令选项卡 形状▾ 区域中的"拉伸"按钮，此时系统弹出"拉伸"命令操控板。

（5）定义草绘截面放置属性。鼠标右键单击图形区，从弹出的菜单中选择 定义内部草绘... 命令，选取坯料的前面为草绘基准平面，草绘参考和视图方向接受系统默认设置，单击 草绘 按钮进入草绘视图界面。

（6）绘制截面草图。单击"草绘"命令选项卡 设置▾ 区域中的 ▢参考 按钮，或在图形区单击鼠标右键，从下拉菜单中选择 参考(R)... 命令按钮，在出现的"参考"对话框中选取坯料的两侧边线和底面为参照，用 ▢投影 命令选取零件的最大轮廓线，在坯料最大轮廓处绘制直线，然后用直线命令绘制两直线，如图 3-62 所示。完成截面的绘制后，单击工具栏中的 ✔ 按钮。

（7）在弹出的操控板中选取深度类型 ⊥ (到选定的)，然后选取坯料的后面为终止面。

（8）"拉伸"命令操控板中单击"完成"按钮 ✔，完成特征的创建。拉伸后的分型面如图 3-63 所示。

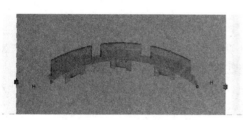

图 3-62　草绘截面

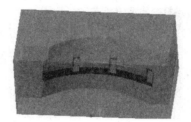

图 3-63　拉伸后的分型面

3）将前面复制的分型面和拉伸的分型面合并

（1）选取第一个分型面，按住 Ctrl 键选取第二个分型面，然后选择"模型"命令选项卡 修饰符▾ 命令下拉菜单中的 ▱ 合并 命令。

（2）此时系统弹出如图 3-64 所示的"合并"操控板，在"合并"操控板中单击"选项"按钮，在"选项"界面中选中 ◉ 相交 单选按钮。

图 3-64　"合并"操控板

（3）单击 ⤢ ⤡ 按钮切换合并的方向，然后单击 6ð 按钮预览合并后的面组，确认无误后单击完成按钮 ✔。

5．构建模具元件的体积块

（1）选择"模具"命令选项卡 分型面和模具体积块▾ 区域中 模具体积块 下拉菜单中的 ⊟ 体积块分割 命令，进入"分割体积块"菜单。

（2）在系统弹出的"分割体积块"菜单中，依次选择 两个体积块 → 所有工件 → 完成 命令。此时系统弹出如图 3-65 所示的"分割"对话框和如图 3-66 所示的"选择"对话框。

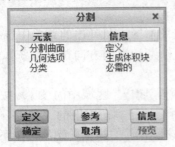

图 3-65 "分割"对话框　　　　　　　　图 3-66 "选择"对话框

(3) 用"列表选取"的方法选取分型面。

① 在系统消息区  为分割工件选择分型面。 的信息提示下，在模型中主分型面的位置单击鼠标右键，从快捷菜单中选取 从列表中拾取 命令。

② 在弹出的"从列表中拾取"对话框中，选取列表中的 面组:F7(MAIN_PS) 分型面，然后单击 确定(O) 按钮。

③ 在"选择"对话框中单击 确定 按钮。

(4) 在"分割"对话框中单击 确定 按钮，则系统弹出如图 3-67 所示的"属性"对话框(一)，同时模型中的下半部分变亮，采用系统默认的名称。

(5) 单击"属性"对话框(一)的 确定 按钮，系统弹出如图 3-68 所示的"属性"对话框(二)，同时模型的上半部分变亮，采用系统默认的名称，然后单击 确定 按钮。

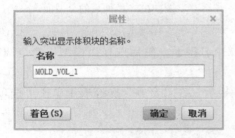

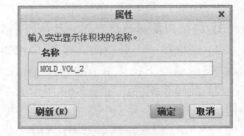

图 3-67 "属性"对话框(一)　　　　　　图 3-68 "属性"对话框(二)

6. 抽取模具元件

选择"模具"命令选项卡 元件▾ 区域 模具元件 下拉菜单中的 型腔镶块 命令，在系统弹出的"创建模具元件"对话框中单击"选择所有体积块"命令按钮 ，选择所有体积块，然后单击 确定 按钮。

7. 生成浇注件

(1) 选择"模具"命令选项卡 元件▾ 区域中 创建铸模 命令。

(2) 在如图 3-69 所示的系统提示文本框中，输入浇注件零件名称"beetle_3keys_molding"，并单击两次 ✓ 按钮。

图 3-69 系统提示文本框

8．隐藏分型面、坯料和模具元件

(1) 选择"视图"命令选项卡 可见性 区域中的 模具显示 按钮，系统弹出如图 3-70 所示的"遮蔽和取消遮蔽"对话框(一)。

(2) 遮蔽坯料和模具元件。

① 在"遮蔽和取消遮蔽"对话框(一)左边的"可见元件"列表中，按住 Ctrl 键，选择参考零件 BEETLE_3KEYS_MOLD_REF 和坯料 BEETLE_3KEYS_WP。

② 单击"遮蔽和取消遮蔽"对话框(一)对话框下部的 遮蔽 按钮。

(3) 遮蔽分型面。

① 在"遮蔽和取消遮蔽"对话框(一)右边的"过滤"区域中按下 分型面 按钮，此时弹出"遮蔽和取消遮蔽"对话框(二)，如图 3-71 所示。

图 3-70 "遮蔽和取消遮蔽"对话框(一)　　　图 3-71 "遮蔽和取消遮蔽"对话框(二)

② 在"遮蔽和取消遮蔽"对话框(二)的"可见曲面"列表中选择分型面 KEY2_PS。

③ 单击"遮蔽和取消遮蔽"对话框(二)下部的 遮蔽 按钮。

(4) 单击"遮蔽和取消遮蔽"对话框(一)下部的 确定 按钮。

9．开模

1) 移动上模

(1) 选择"模具"命令选项卡 分析▼ 区域的"模具开模"命令按钮 。

(2) 在系统弹出的"菜单管理器"菜单中选择 定义步骤 命令，接着在系统弹出的 ▼定义步骤 下拉菜单中选择 定义移动 命令。

(3) 用"列表选取"的方法选取要移动的模具元件。在系统消息区 ➡为迁移号码1 选择构件。的信息提示下，选取上模；在"选取"对话框中，单击 确定 按钮。

(4) 在系统消息区 ➡通过选择边、轴或面选择分解方向。的信息提示下，选取如图 3-72 所示的边线为移动方向，然后在系统 输入沿指定方向的位移 的信息提示下输入要移动的距离

图 3-72 选取移动方向

"20"，并按回车键。

(5) 在"定义步骤"菜单中，选择"完成"命令，完成上模的移动。

2) 移动下模

(1) 参照上模的开模步骤操作方法，选取下模，选取如图 3-72 所示的边线为移动方向，然后输入要移动的距离"-20"。

(2) 在"定义步骤"菜单中选择"完成"命令，完成下模的移动。

(3) 在"模具开模"菜单中选择"完成/返回"命令，完成开模后的模具模型如图 3-73 所示。

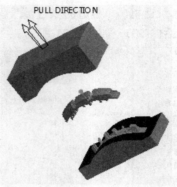

图 3-73　完成开模后的模具模型

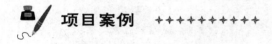

3.1　带型芯的模具设计

本节将介绍一个套筒的模具设计，该套筒与其他模具的区别是多了两个不通孔，如图 3-74 所示。如果在设计模具时，将模具的开模方向定义为竖直方向，那么套筒中不通孔的轴线方向与开模方向垂直，这就需要设计型芯模具元件才能构建该孔，下面介绍该模具的设计过程。

图 3-74　带型芯的模具设计

1. 新建模具制造模型

(1) 选取"文件"下拉菜单中的"新建"命令(或在快速访问工具栏中单击新建文件按钮)。

(2) 在"新建"对话框中，选择 类型 区域中的 ⊙ 🏭 制造 按钮，选中 子类型 区域中的 ⊙ 模具型腔 按钮，在 名称 文本框中输入文件名"taotong"，取消 ☑ 使用缺省模板 复选框中的对号，单击该对话框中的 确定 按钮。

(3) 在系统弹出的"新文件选项"对话框中的模板区域选取 mmns_mfg_mold 模板，然后在该对话框中单击 确定 按钮。

2. 建立模具模型

1) 引入参照模型

(1) 单击"模具"命令选项卡"参考模型和工件"选项区域的 🏭 按钮，并在系统弹出的下拉列表中单击 📂 组装参考模型 命令，此时系统弹出"打开"对话框。

(2) 在"打开"对话框中选取三维零件模型 taotong.prt 作为参考零件模型，然后单击"打开"按钮。

(3) 在元件放置操控板的"约束类型"下拉列表框中选择"默认"约束，再在操控板中单击完成按钮 ✔。

(4) 在"创建参考模型"对话框中选中 ⊙ 按参考合并 单选按钮，然后在 参考模型 名称文本框中接受系统默认的参考模型名称(也可以输入其他字符作为参考模型名称)，再单击 确定 按钮。

2) 创建坯料

手动创建如图 3-75 所示的坯料，操作步骤如下：

(1) 单击"模具"命令选项卡 参考模型和工件 中工件 按钮的下拉箭头。

(2) 在弹出的下拉列表中选择 🗔 创建工件 命令。

(3) 在系统弹出的"创建元件"对话框中选中 类型 区域中的 ⊙ 零件 单选按钮，选中 子类型 区域的 ⊙ 实体 单选按钮，在 名称 文本框中输入坯料的名称"taotong_wp"，然后再单击 确定 按钮。

(4) 在系统弹出的"创建选项"对话框中选中 ⊙ 创建特征 单选按钮，然后再单击 确定 按钮。

图 3-75　带型芯的模具设计

3) 创建坯料特征

(1) 选择命令。在弹出的"模具"命令选项卡中选择 形状▾ → 拉伸 命令，此时系统出现实体拉伸操控板。

(2) 定义草绘截面放置属性。首先在实体拉伸操控板中，确认"实体"类型按钮 ▢ 被按下。然后在绘图区中单击鼠标右键，在出现的草绘快捷菜单中选择 定义内部草绘... 命令；系统弹出 "草绘"对话框，选择 MAIN_PARTING_PLN 基准面作为草绘平面，接受系统默认的 MOLD_RIGHT 基准面作为草绘平面的参考平面，方向为右，然后单击 草绘 按钮，进入截面草绘环境。

(3) 绘制特征截面。进入截面草绘环境后,选取 ⊟ MOLD_RIGHT 基准面和 ⊟ MOLD_FRONT 基准面为草绘参考,绘制如图 3-76 所示的特征截面,完成绘制后,单击工具栏中的 ✔ 按钮。

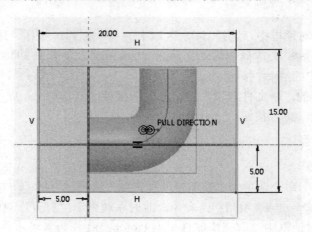

图 3-76   截面草图

(4) 选取深度类型并输入深度值。在操控板中,选取深度类型 ⊟- (即"对称"),在深度文本框中输入深度值"15",并按回车键。

(5) 预览特征。在操控板中单击 ∞ 按钮,可预览所创建的拉伸特征。

(6) 完成特征。在操控板中单击 ✔ 按钮,完成特征的创建。

3.设置收缩率

(1) 单击"模具"命令选项卡中 生产特征▾ 选项按钮的下拉箭头,在系统弹出的下拉菜单中单击 🗆 按比例收缩 ▸,然后选择 🗆 按尺寸收缩 命令。

(2) 在系统弹出的"按尺寸收缩"对话框中,确认 公式 区域的 1+s 按钮被按下;在 收缩选项 区域选中 ☑更改设计零件尺寸 复选框;在"收缩率"区域的"比率"栏中,输入收缩率"0.006",并按回车键,然后单击对话框中的 ✔ 按钮。

4.创建模具型芯分型曲面

1) 定义第一个型芯分型面

以下操作是创建模具的型芯分型曲面,以分离模具元件——型芯。其操作过程如下:

(1) 单击"模具"命令选项卡 分型面和模具体积块▾ 区域的"分型面"按钮 🗔,系统弹出"分型面"命令选项卡。

(2) 在"分型面"命令选项卡 控制 区域单击"属性"按钮 🖼,采用系统默认名称,如图 3-77 所示,单击 确定 按钮。

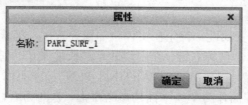

图 3-77   "属性"对话框

（3）为了方便选取图元，将坯料遮蔽。在模型树中右击 ▶ 🗁 TAOTONG_WP.PRT，从弹出的快捷菜单中选择"遮蔽"命令。

2）通过曲面复制的方法，复制参照模型上的孔内表面

（1）采用"种子面与边界面"的方法选取所需的曲面。用户分别选取种子面和边界面后，系统会自动选取从种子面开始向四周延伸直到边界曲面的所有曲面(其中包括种子曲面，但不包括边界曲面)。在屏幕右下方的"智能选取栏"中选择"几何"选项，如图 3-78 所示。

（2）选取"种子面"，操作方法如下：

① 将模型调整到如图 3-79 所示的视图方位，将鼠标指针移至模型中的目标位置，即图 3-79 中的零件孔内壁，单击鼠标左键，选中孔的内表面。

② 此时图 3-79 中的零件孔的内壁会加亮，该面就是所要选择的"种子面"。

图 3-78　智能选项栏

（3）选取"边界面"，操作方法如下：

① 按住 Shift 键，选取如图 3-79 中零件孔的外缘表面为边界面，此时图中孔的外缘表面加亮。

② 松开 Shift 键，完成"边界面"的选取。操作完成后，整个模型均被加亮，如图 3-80 所示。

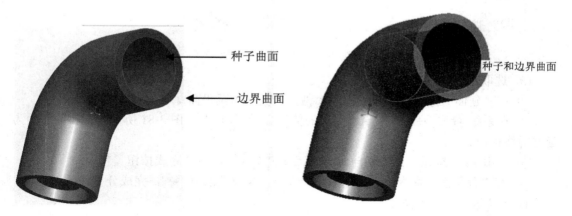

图 3-79　选取种子曲面和边界曲面　　　　　图 3-80　"边界面"选取完成

注意：如果边界面是由多个曲面组成的，则在选取"边界面"的过程中，要保证 Shift 键始终被按下，直至所有的曲面均选取完毕，否则不能达到预期的效果。

（4）单击"模具"命令选项卡 操作▾ 区域中的 🗐复制 按钮；然后单击 📋粘贴▾ 按钮，在系统弹出的 *曲面：复制* 操控板中单击 ✔ 按钮。

3）将复制后的曲面的延伸至坯料的表面

首先要注意，要延伸的曲面是前面的复制曲面，延伸边线是该复制曲面端部的边线，该边线由若干段圆弧和曲线组成。选取复制后的分型面的边线。

（1）在模型树中右击 🗁 BEETLE_HSG_PANEL_WP.PRT，在弹出的快捷菜单中选择 取消遮蔽 命令。

(2) 选取复制后的分型面的边线。

① 选取第一曲线延伸边。将鼠标指针移至模型中的目标位置，即图 3-81 中的曲线附近，再单击鼠标左键，选中图 3-81 所示的边线。按住 Shift 键，选取整个外缘边线。

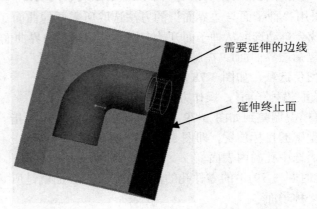

需要延伸的边线

延伸终止面

图 3-81　选取延伸边线和延伸的终止面

② 单击 模型 命令选项卡的 修饰符▼ 按钮，在下拉菜单中单击 ⊡ 延伸 按钮，此时出现如图 3-82 所示的"延伸"操控板。

图 3-82　"延伸"操控板

(3) 选取延伸的终止面。

① 在"延伸"操控板中按下按钮 ⌂ (延伸类型为至平面)。

② 在系统 ➡选择曲面延伸所至的平面。 的信息提示下，选取如图 3-81 所示的坯料的表面为延伸的终止面。

③ 单击 6⊖ 按钮，预览延伸后的面，确定无误后，单击完成按钮 ✔ 。

(4) 在"分型面"命令选项卡中单击分型面"完成"按钮 ✔ ，完成分型面的创建。

4) 创建第二个分型面

(1) 单击"模具"命令选项卡 分型面和模具体积块▼ 区域的"分型面"按钮 ▢ ，系统弹出"分型面"命令选项卡。

(2) 在"分型面"命令选项卡 控制 区域中单击"属性"按钮 ，采用系统默认名称，如图 3-83 所示，单击 确定 按钮。

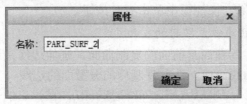

图 3-83　"属性"对话框

5）通过曲面复制的方法，复制参照模型上的孔内表面

（1）采用"种子面与边界面"的方法选取所需要的曲面。

（2）选取"种子面"，操作方法如下：

① 将模型调整到如图 3-84 所示的视图方位，将鼠标指针移至模型中的目标位置，即图 3-84 中零件孔内壁，单击鼠标左键，选中孔的内表面。

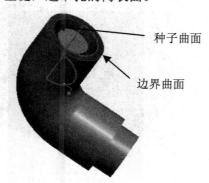

图 3-84　选取种子曲面和边界曲面

② 此时图 3-84 中的零件孔内壁会加亮，该面就是所要选择的"种子面"。

（3）选取"边界面"，操作方法如下：

① 按住 Shift 键，选取如图 3-84 中零件孔的外缘表面为边界面，此时图中孔的外缘表面加亮。

② 松开 Shift 键，完成"边界面"的选取。操作完成后，整个模型均被加亮，如图 3-85 所示。

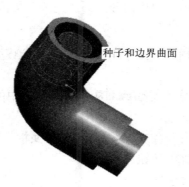

图 3-85　"边界面"选取完成

注意：如果边界面是由多个曲面组成的，则在选取"边界面"的过程中，要保证 Shift 键始终被按下，直至所有的曲面均选取完毕，否则不能达到预期的效果。

（4）单击"模具"命令选项卡 操作▾ 区域中的 🗎复制 按钮；然后单击 🗎粘贴 ▾ 按钮，在系统弹出的 **曲面：复制** 操控板中单击 ✔ 按钮。

6）将复制后的曲面延伸至坯料的表面

（1）在模型树中右击 🗀BEETLE_HSG_PANEL_WP.PRT，在弹出的快捷菜单中选择 取消遮蔽 命令。

(2) 选取复制后的分型面的边线。

① 选取第一曲线延伸边。将鼠标指针移至模型中的目标位置，即图 3-86 所示的曲线附近，再单击鼠标左键，选中图 3-86 所示的边线。按住 Shift 键，选取整个外缘边线。

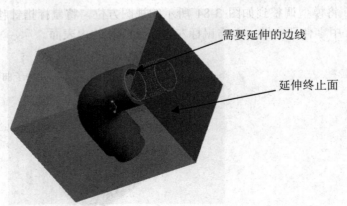

图 3-86　选取延伸边线和延伸的终止面

② 单击 **模型** 命令选项卡中的 修饰符 ▾ 按钮，在下拉菜单中单击 ➡ 延伸 按钮。

(3) 选取延伸的终止面。

① 在"延伸"操控板中按下按钮 ⬜ (延伸类型为至平面)。

② 在系统 ➡选择曲面延伸所至的平面。 的信息提示下，选取如图 3-86 所示的坯料表面为延伸的终止面。

③ 单击 👓 按钮，预览延伸后的面，确定无误后，单击"完成"按钮 ✔。

(4) 在"分型面"命令选项卡中单击分型面"完成"按钮 ✔，完成分型面的创建。

5. 创建模具主分型面

下面的操作是创建模具的主分型面，以分离模具的上模型腔和下模型腔。其操作过程如下：

(1) 单击"模具"命令选项卡 分型面和模具体积块 ▾ 区域中的"分型面"按钮 📕，系统弹出"分型面"命令选项卡。

(2) 在"分型面"命令选项卡 控制 区域中单击"属性"按钮 🏠，采用默认分型面名称"PART_SURF_3"，单击 确定 按钮。

(3) 通过拉伸的方法创建分型面。

① 选择命令。单击"分型面"命令选项卡 形状 ▾ 区域的"拉伸"按钮 📦，此时系统弹出拉伸命令操控板。

② 定义草绘截面放置属性。右击图形区，从弹出的菜单中选择 定义内部草绘... 命令，选取坯料前面为草绘平面，采用默认的参考平面及方向。

③ 绘制截面草图。单击"草绘"命令选项卡 设置 ▾ 区域中的 📭 参考 按钮，或在图形区单击鼠标右键，从下拉菜单中选择 参考(R)... 命令按钮，选取如图 3-87 所示的坯料的两侧边线和 ⏢ MAIN_PARTING_PLN 基准面为草绘参考；在坯料最大轮廓处绘制直线，如图 3-88 所示。完成截面的绘制后，单击工具栏中的 ✔ 按钮。

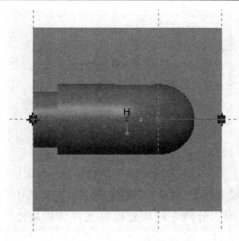

图 3-87 选取参照与绘制直线

图 3-88 拉伸的分型面

(4) 设置深度选项。

① 在"拉伸"命令操控板中选取深度类型 ⊥ (到选定的)。

② 将模型调整到合适方位，然后选取坯料后表面为拉伸终止面。

③ 在"拉伸"命令操控板中单击"完成"按钮 ✓，完成特征的创建。

6. 构建模具元件的体积块

下面的操作是在零件 taotong.prt 的模具坯料中，用前面创建的型芯分型面先分割型芯元件的体积块，此类体积块将会抽取为模具的型芯元件。本例中，由于主分型面穿过型芯分型面，为便于分割出各模具元件，故先将从整个坯料中分割出型芯体积块，然后从其余体积块(即分离出型芯体积块后的坯料)中再分割出上下型腔体积块。

1) 用第一个型芯分型面创建型芯元件的体积块

(1) 选择"模具"命令选项卡 分型面和模具体积块 ▾ 区域中" 模具体积块 "下拉菜单中的 ⊟ 体积块分割 命令，进入"分割体积块"菜单(即用"分割"法构建模具元件体积块)。

(2) 在系统弹出的"分割体积块"菜单中依次选择 两个体积块 → 所有工件 → 完成 命令，此时系统弹出"分割"对话框和"选择"对话框。

(3) 用"列表选取"的方法选取分型面。

① 在系统消息区 ⇨为分割工件选择分型面. 的信息提示下，在模型中主分型面的位置单击鼠标右键，从快捷菜单中选取 从列表中拾取 命令。

② 在弹出的"从列表中拾取"对话框中，选取列表中的 面组:F7(MAIN_PS) 分型面，然后单击 确定(0) 按钮。

③ 在"选择"对话框中单击 确定 按钮。

(4) 在"分割"对话框中单击 确定 按钮。

(5) 此时，系统弹出如图 3-89 所示的"属性"对话框(一)，同时模型的型芯部分变亮，采用系统默认名称，然后单击 确定 按钮。

(6) 此时，系统弹出如图 3-90 所示的"属性"对话框(二)，同时模型中型芯以外的部分变亮，采用系统默认的名称，然后单击 确定 按钮。

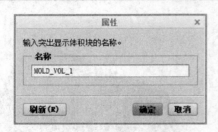

图 3-89 "属性"对话框(一)

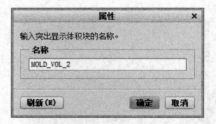

图 3-90 "属性"对话框(二)

2) 用第二个型芯分型面创建型芯元件的体积

(1) 选择"模具"命令选项卡 分型面和模具体积块 ▾ 区域中 模具体积块 下拉菜单中的 体积块分割 命令，进入"分割体积块"菜单(即用"分割"法构建模具元件体积块)。

(2) 在系统弹出的"分割体积块"菜单中，依次选择 一个体积块 → 模具体积块 → 完成 命令。此时系统弹出如图 3-91 所示的"搜素工具"对话框，单击列表中的 面组:F13(MOLD_VOL_1) 体积块，然后单击 >> 按钮，将其加入到 已选择 1 个项:(预期 1 个) 项目列表中，再单击 关闭 按钮。

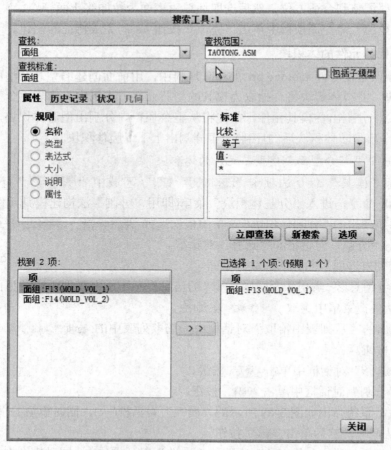

图 3-91 "搜素工具"对话框

(3) 用"列表选取"的方法选取分型面。

① 在系统消息区 <kbd>→为分割工件选择分型面。</kbd> 的信息提示下，在模型中主分型面的位置单击鼠标右键，从快捷菜单中选取 <kbd>从列表中拾取</kbd> 命令。

② 在弹出的如图 3-92 所示的"从列表中拾取"对话框中，选取列表中的 <kbd>面组:F9(PART_SURF_2)</kbd> 分型面，然后单击 <kbd>确定(0)</kbd> 按钮。

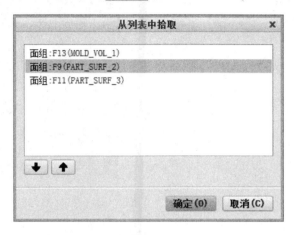

图 3-92　"从列表中拾取"对话框

(4) 在"选择"对话框中单击 <kbd>确定</kbd> 按钮，系统弹出如图 3-93 所示的"岛列表"菜单管理器，选中岛 2(也就是分型面)，然后单击"完成选择"按钮。

(5) 在"分割"对话框中单击 <kbd>确定</kbd> 按钮。此时系统弹出如图 3-94 所示的"属性"对话框，同时模型中的型芯部分变亮，采用系统默认的名称，然后单击 <kbd>确定</kbd> 按钮。

图 3-93　"岛列表"菜单管理器　　　　　　　　图 3-94　"属性"对话框

3) 用主分型面创建型芯元件的体积

(1) 选择"模具"命令选项卡 <kbd>分型面和模具体积块▾</kbd> 区域中 <kbd>模具体积块</kbd> 下拉菜单中的 <kbd>体积块分割</kbd> 命令，进入"分割体积块"菜单(即用"分割"法构建模具元件体积块)。

(2) 在系统弹出的"分割体积块"菜单中，依次选择 <kbd>两个体积块</kbd> → <kbd>模具体积块</kbd> → <kbd>完成</kbd> 命令。此时系统弹出如图 3-95 所示的"搜索工具"对话框，单击列表中的 <kbd>面组:F13(MOLD_VOL_1)</kbd> 体积块，然后单击 <kbd>＞＞</kbd> 按钮，将其加入到 <kbd>已选择 1 个项:(预期 1 个)</kbd> 项目列表中，再单击 <kbd>关闭</kbd> 按钮。

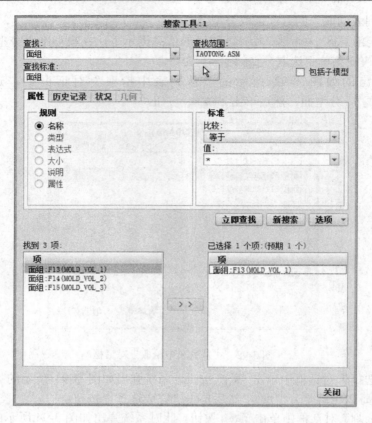

图 3-95   "搜索工具"对话框

(3) 用"列表选取"的方法选取分型面。

① 在系统消息区 ⇨为分割工件选择分型面. 的信息提示下，在模型中主分型面的位置右击，从快捷菜单中选取 从列表中拾取 命令。

② 在弹出的如图 3-96 所示的"从列表中拾取"对话框中，选取列表中的 面组:F11(PART_SURF_3) 分型面，然后单击 确定(0) 按钮。

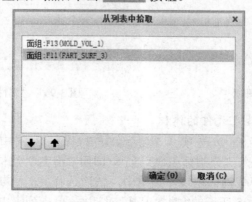

图 3-96   "从列表中拾取"对话框

③ 在"选择"对话框中单击 确定 按钮。

(4) 在"分割"对话框中单击 **确定** 按钮。

(5) 此时，系统弹出如图 3-97 所示的"属性"对话框(一)，同时模型的上半部分变亮，采用系统默认的名称，然后单击 **确定** 按钮。

(6) 此时，系统弹出如图 3-98 所示的"属性"对话框(二)，同时模型的下半部分变亮，采用系统默认的名称，然后单击 **确定** 按钮。

图 3-97 "属性"对话框(一)

图 3-98 "属性"对话框(二)

7. 抽取模具元件

选择"模具"命令选项卡 **元件▾** 区域 **模具元件** 下拉菜单中的 **型腔镶块** 命令，然后在系统弹出的如图 3-99 所示的"创建模具元件"对话框中单击"选择所有体积块"命令按钮 **☰**，选择所有体积块，然后单击 **确定** 按钮。

图 3-99 "创建模具元件"对话框

8. 生成浇注件

(1) 选择"模具"命令选项卡 **元件▾** 区域中的 **创建铸模** 命令。

(2) 在如图 3-100 所示的系统提示文本框中，输入浇注件名称"taotong_molding"，并单击两次 **✓** 按钮。

图 3-100 系统提示文本框

9. 隐藏分型面、坯料和模具元件

(1) 选择"视图"命令选项卡 **可见性** 区域中的 **模具显示** 按钮，系统弹出如图 3-101 所示的"遮蔽和取消遮蔽"对话框(一)。

(2) 遮蔽坯料和模具元件。

① 在"遮蔽和取消遮蔽"对话框(一)左边的"可见元件"列表中按住 Ctrl 键，选择参考零件 **TAOTONG_REF** 和坯料 **TAOTONG_WP**。

② 单击"遮蔽和取消遮蔽"对话框(一)下部的 **遮蔽** 按钮。

(3) 遮蔽分型面。

① 在"遮蔽和取消遮蔽"对话框(一)右边的"过滤"区域中按下 🔲 分型面 按钮，此时弹出"遮蔽和取消遮蔽"对话框(二)，如图 3-102 所示。

图 3-101   "遮蔽和取消遮蔽"对话框(一)   图 3-102   "遮蔽和取消遮蔽"对话框(二)

② 单击"遮蔽和取消遮蔽"对话框(二)"可见曲面"列表下方的 ▤ 图标。

③ 单击"遮蔽和取消遮蔽"对话框(二)下部的 遮蔽 按钮。

(4) 单击"遮蔽和取消遮蔽"对话框(二)下部的 确定 按钮。

10．开模

1) 移动型芯 1

(1) 选择"模具"命令选项卡 分析▾ 区域中的"模具开模"命令按钮 🗃，系统弹出"模具开模"菜单管理器。

(2) 在"模具开模"菜单中选择 定义步骤 命令，在系统弹出的 ▾定义步骤 下拉菜单中选择 定义移动 命令。

(3) 用"列表选取"的方法选取要移动的模具元件。在系统消息区 ➡为迁移号码1选择构件. 的信息提示下，先将鼠标指针移至图 3-103 所示模型中的位置 A，选取模具的体积块 ▶ 🗐 MOLD_VOL_2_3.PRT。

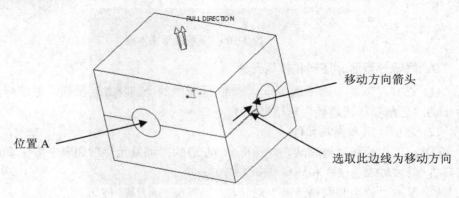

图 3-103   选取移动方向

(4) 在"选择"对话框中单击 确定 按钮。

(5) 在系统消息区 ➡通过选择边、轴或面选择分解方向。 的信息提示下，选取如图 3-103 所示的边线为移动方向，然后在系统 输入沿指定方向的位移 的信息提示下，输入要移动的距离"−15"并按回车键。

(6) 在"定义步骤"菜单中选择"完成"命令，完成型芯 1 的移动。

2) 移动型芯 2

(1) 参照型芯 1 开模步骤的(1)~(4)的操作方法选取型芯 2，然后选取如图 3-104 所示的边线为移动方向，接着输入要移动的距离"15"。

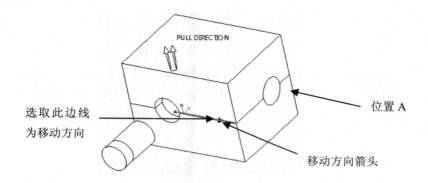

图 3-104　选取移动方向

(2) 在"定义步骤"菜单中选择"完成"命令，完成型芯 2 的移动。

3) 移动上模

(1) 参照型芯 1 开模步骤(1)~(4)的操作方法，选取模具的上模，再选取如图 3-105 所示的边线为移动方向，然后输入要移动的距离"10"。

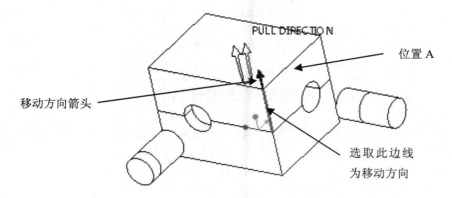

图 3-105　选取移动方向

(2) 在"定义步骤"菜单中选择"完成"命令，完成模具上模的移动。

4) 移动下模

(1) 参照型芯 1 开模步骤(1)~(4)的操作方法，选取模具的下模，再选取如图 3-106 所示的边线为移动方向，然后输入要移动的距离"−10"。

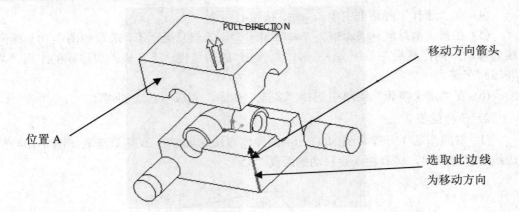

图 3-106　选取移动方向

　　(2) 在"定义步骤"菜单中选择"完成"命令，完成模具下模的移动。

　　(3) 在"模具开模"菜单中选择"完成/返回"命令，完成开模后的模具模型如图 3-107
所示。

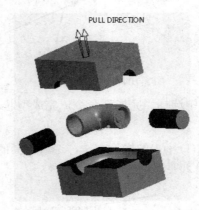

图 3-107　完成开模后的模具模型

3.2　含破孔的模具设计

　　在如图 3-108 所示的元件模型中有破孔，这样在模具设计时必须将这一破孔填补，上、
下模具才能顺利脱模。下面介绍该模具的主要设计过程。

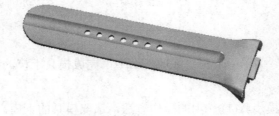

图 3-108　模具元件

1．新建一个模具制造文件

(1) 选取"文件"下拉菜单中的"新建"命令(或在快速访问工具栏中单击新建文件按钮 ▢)。

(2) 在"新建"对话框中，选择 类型 区域中的 ◉ 🗒 制造 按钮，选中 子类型 区域中的 ◉模具型腔 按钮，在 名称 文本框中输入文件名"beetle_twistband_mold"，取消 ☑使用缺省模板 复选框中的对号，单击该对话框中的 确定 按钮。

(3) 在系统弹出的"新文件选项"对话框中的模板区域选取 mmns_mfg_mold 模板，然后在该对话框中单击 确定 按钮。

2．建立模具模型

1) 引入参照模型

(1) 单击"模具"命令选项卡"参考模型和工件"选项区域的"参考模型"按钮 🖿，并在系统弹出的下拉列表中单击 🖺 组装参考模型 命令，此时系统弹出"打开"对话框。

(2) 在"打开"对话框中选取三维零件模型 beetle_twistband.prt 作为参考零件模型，然后单击"打开"按钮。

(3) 系统弹出元件"放置"操控板，如图 3-109 所示。

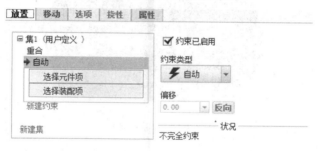

图 3-109 "放置"操控板

首先指定第一个约束。

① 在元件"放置"操控板中单击 放置 按钮。

② 在"放置"界面的"约束类型"下拉列表中选择 ⊥ 重合 ▾。

③ 选取参照件的 FRONT 基准面为元件参照，选取装配体的 MATN_PARTING_PLN 基准面为组件参照。

然后指定第二个约束。

① 单击 ➡新建约束 字符。

② 在"约束类型"下拉列表中选择 ⊥ 重合 ▾。

③ 选择参照件的 TOP 基准平面为元件参照，选取装配体的 MOLD_RIGHT 基准平面为组件参照。

最后指定第三个约束。

① 单击 ➡新建约束 字符。

② 在"约束类型"下拉列表中选择 ⊥ 重合 ▾。

③ 选择参照件的 RIGHT 基准平面为元件参照，选取装配体的 MOLD_FRONT 基准平

面为组件参照。

(4) 至此，约束定义完成，在操控板中单击"完成"按钮 ✓。

(5) 在系统弹出的"创建参考模型"对话框中选择 ⊙ 按参考合并 单选按钮，然后在 参考模型 名称文本框中接受系统默认的参考模型名称(也可以输入其他字符作为参考模型名称)，再单击 确定 按钮。

2) 创建坯料

手动创建如图 3-110 所示的坯料，操作步骤如下：

(1) 单击"模具"命令选项卡 参考模型和工件 中 工件 按钮的下拉箭头。

(2) 在弹出的下拉列表中选择 ▭ 创建工件 命令。

(3) 在系统弹出的"创建元件"对话框中选中 类型 区域的 ⊙零件 单选按钮，选中 子类型 区域的 ⊙实体 单选按钮，在 名称 文本框中输入坯料的名称"beetle_twistband_wp"，然后再单击 确定 按钮。

(4) 在系统弹出的"创建选项"对话框中选中 ⊙创建特征 单选按钮，然后单击 确定 按钮。

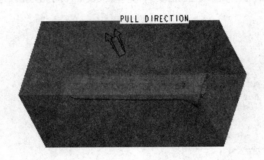

图 3-110　模具模型

3) 创建坯料特征

(1) 选择命令。在弹出的"模具"命令选项卡中，选择 形状▾ → 拉伸 命令，此时系统出现实体拉伸操控板。

(2) 定义草绘截面放置属性。首先在实体拉伸操控板中，确认"实体"类型按钮 ▭ 被按下。创建一个与 TOP 基准平面平行，偏距为 65 的基准平面"DTM1"。然后在绘图区中单击鼠标右键，在出现的草绘快捷菜单中选择 定义内部草绘... 命令；系统弹出"草绘"对话框，然后选取 DTM1 基准面作为草绘平面,选取 FRONT 基准平面为参照平面，方向设置为上，然后单击 草绘 按钮，系统进入截面草绘环境。

(3) 绘制特征截面。进入截面草绘环境后，选取 MOLD_FRONT 基准面和 FRONT 基准面为草绘参考，绘制如图 3-111 所示的特征截面，完成绘制后，单击工具栏中的 ✓ 按钮。

(4) 选取深度类型并输入深度值。在操控板

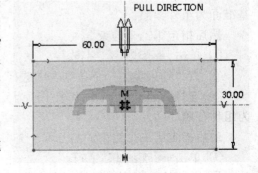

图 3-111　截面草图

中选取深度类型 ⤧▾(即"对称")，再在深度文本框中输入深度值"140"，并按回车键。

(5) 预览特征。在操控板中单击 👀 按钮，可预览所创建的拉伸特征。

(6) 完成特征。在操控板中单击 ✔ 按钮，完成特征的创建。

3．设置收缩率

(1) 单击"模具"命令选项卡 生产特征▾ 选项按钮的下拉箭头，在系统弹出的下拉菜单中单击 🖳 按比例收缩 ▸，然后选择 ⚙ 按尺寸收缩 命令。

(2) 在系统弹出的"按尺寸收缩"对话框中确认 公式 区域的 1+s 按钮被按下；在 收缩选项 区域选中 ☑更改设计零件尺寸 复选框；在"收缩率"区域的"比率"栏中，输入收缩率"0.006"，并按回车键，然后单击对话框中的 ✔ 按钮。

4．创建模具分型曲面

1) 定义分型面

创建模具分型曲面的操作过程如下：

(1) 单击"模具"命令选项卡" 分型面和模具体积块▾ "区域的"分型面"按钮" 🗀 "，此时系统弹出"分型面"命令选项卡。

(2) 在"分型面"命令选项卡 控制 区域单击"属性"按钮 📑，在如图 3-112 所示的"属性"对话框中，输入分型面名称"TWISTBAND_PS"，单击 确定 按钮。

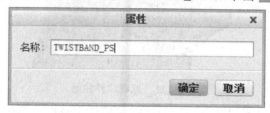

图 3-112 "属性"对话框

(3) 为了方便选取图元，将坯料遮蔽。在模型树中右击 ▸ 🗁 BEETLE_TWISTBAND_WP.PRT ，从弹出的快捷菜单中选择"遮蔽"命令。

2) 通过曲面复制的方法，复制参照模型上的孔内表面

(1) 采用"种子面与边界面"的方法选取所需要的曲面。用户分别选取种子面和边界面后，系统则会自动选取从种子面开始向四周延伸直到边界曲面的所有曲面(其中包括种子曲面，但不包括边界曲面)。在屏幕右下方的"智能选取栏"中选择"几何"选项。

(2) 先选取"种子面"，操作方法如下：

① 将模型调整到如图 3-113 所示的视图方位，将鼠标指针移至模型中的目标位置，即图 3-114 中的零件上壁，单击鼠标左键，选中上壁中的任何一个表面。

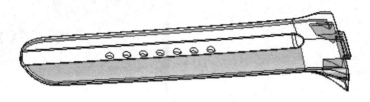

图 3-113 调整视图方位

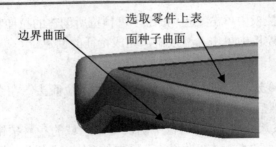

图 3-114　选取种子面

② 此时图 3-113 中的零件上壁会加亮，该面就是所要选择的"种子面"。

(3) 选取"边界面"，操作方法如下：

① 按住 Shift 键，选取图 3-115 中零件底部的一整个外缘表面和曲面为边界面，此时图中所选的边界曲面会加亮。

图 3-115　选取边界曲面

② 松开 Shift 键，完成"边界面"的选取。操作完成后，整个模型均被加亮。

注意： 如果边界面是由多个曲面组成的，则在选取"边界面"的过程中，要保证 Shift 键始终被按下，直至所有的曲面均选取完毕，否则不能达到预期的效果。

(4) 单击"模具"命令选项卡 操作▼ 区域中的 复制 按钮；然后单击 粘贴▼ 按钮，系统弹出如图 3-116 所示的排除破孔操控板，在操控面板中单击"选项"下拉菜单，选择 ⊙ 排除曲面并填充孔，在填充孔/曲面选项中选取如图 3-117 所示的曲面；接着单击预览按钮 ，确认无误后，单击 **曲面：复制** 操控板中的 ✓ 按钮。

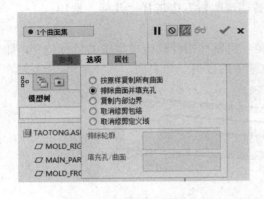

图 3-116　排除破孔操控板

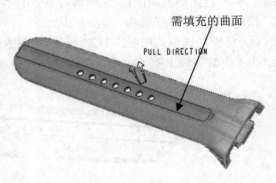

图 3-117　选取填充的曲面

3) 将复制后的曲面延伸至坯料的表面

首先应注意，要延伸的曲面是前面的复制曲面，延伸边线是该复制曲面端部的边线。

(1) 选取复制的分型面的边线。

① 选取第一曲线延伸边。将鼠标指针移至模型中的目标位置，即图 3-118 中的曲线附近，再单击鼠标左键，选中如图 3-118 所示的边线。按住 Shift 键，选取整个外缘边线。

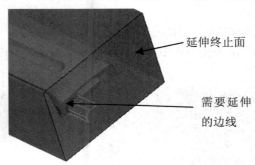

图 3-118　定义延伸边线和延伸终止面

② 单击 模型 命令选项卡中的 修饰符▼ 按钮，在下拉菜单中单击 ➡ 延伸 按钮，出现延伸操控板。

(2) 选取延伸的终止面。

① 在操控板中按下 ⬜ 按钮(延伸类型为至平面)。

② 在系统 ➡ 选择曲面延伸所至的平面。 的信息提示下，选取如图 3-118 所示的坯料的表面为延伸的终止面。

同上述方法，将如图 3-119 所示的边线逐步延伸到步骤(1)中所指的延伸终止面。

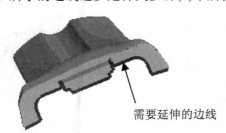

图 3-119　需延伸的边线

(3) 在"分型面"命令选项卡中单击分型面"完成"按钮 ✔，完成分型面的创建。

4) 通过拉伸的方法创建主分型面

(1) 单击"模具"命令选项卡 分型面和模具体积块▼ 区域的"分型面"按钮 🔴，此时系统弹出"分型面"命令选项卡。

(2) 将坯料的遮蔽取消。鼠标右键单击模型树中的 ▶ 🗀 BEETLE_TWISTBAND_WP.PRT ，在弹出的快捷菜单中单击 取消遮蔽 命令。

(3) 选择命令。单击"分型面"命令选项卡 形状▼ 区域中的"拉伸"按钮 🟦，此时系统弹出"拉伸"命令操控板。

(4) 定义草绘截面放置属性。右击图形区，从弹出的菜单中选择 定义内部草绘... 命令，选取坯料的前面为草绘基准平面，草绘参考和视图方向接受系统默认设置，单击 **草绘** 按钮进入草绘视图界面。

(5) 绘制截面草图。单击"草绘"命令选项卡 设置▾ 区域中的 参考 按钮，或在图形区单击鼠标右键，从下拉菜单中选择 参考(R)... 命令按钮，在出现的"参考"对话框中选取坯料的两侧边线和底面为参照，用 投影 元命令，选取零件的最大轮廓线，在坯料最大轮廓处绘制直线，然后用直线命令绘制两条直线，如图 3-120 所示。完成截面的绘制后，单击工具栏中的 ✔ 按钮。

(6) 在弹出的操控板中选取深度类型 ⊥(到选定的)，然后选取坯料的后面为终止面。

(7) 在"拉伸"命令操控板中单击"完成"按钮 ✔，完成特征的创建，如图 3-121 所示。

图 3-120　草绘截面

图 3-121　拉伸后的分型面

5) 将前面复制的分型面和拉伸的分型面合并

(1) 选取第一个分型面，按住 Ctrl 键选取第二个分型面；然后选择"模型"命令选项卡 修饰符▾ 命令下拉菜单中的 合并 命令。

(2) 此时系统弹出如图 3-122 所示的合并操控板，在合并操控板中单击"选项"按钮，在"选项"界面中选中 ◉ 相交 单选按钮。

图 3-122　"合并"操控板

(3) 单击 按钮，切换合并的方向；然后单击 6d 按钮，预览合并后的面组，确认无误后，单击"完成"按钮 ✔。

5. 构建模具元件体积块

(1) 选择"模具"命令选项卡 分型面和模具体积块▾ 区域 模具体积块 下拉菜单中的 体积块分割 命令，进入"分割体积块"菜单。

(2) 在系统弹出的"分割体积块"菜单中，依次选择 两个体积块 → 所有工件 → 完成 命令，此时系统弹出"分割"对话框和"选择"对话框。

(3) 用"列表选取"的方法选取分型面。

① 在系统消息区 ➡为分割工件选择分型面。 的信息提示下，在模型中主分型面的位置单击鼠标右键，从快捷菜单中选取 从列表中拾取 命令。

② 在弹出的"从列表中拾取"对话框中，选取列表中的 面组:F25(PART_SURF_1) 分型面，然后单击 确定(O) 按钮。

③ 在"选择"对话框中单击 确定 按钮。

(4) 在"分割"对话框中单击 确定 按钮。

(5) 此时系统弹出如图 3-123 所示的"属性"对话框(一)，同时模型中的下半部分变亮，采用系统默认的名称，单击 确定 按钮。

(6) 此时系统弹出如图 3-124 所示的"属性"对话框(二)，同时模型的上半部分变亮，采用系统默认的名称，单击 确定 按钮。

图 3-123　"属性"对话框(一)　　　　　图 3-124　"属性"对话框(二)

6. 抽取模具元件

选择"模具"命令选项卡 元件▾ 区域 模具元件 下拉菜单中的 型腔镶块 命令，在系统弹出的"创建模具元件"对话框中单击选择所有体积块命令按钮 ▤ 选择所有的体积块，然后单击 确定 按钮。

7. 生成浇注件

(1) 选择"模具"命令选项卡 元件▾ 区域中的 创建铸模 命令。

(2) 在如图 3-125 所示的系统提示文本框中输入浇注件零件名称"beetle_twistband_molding"，并单击两次 ✔ 按钮。

图 3-125　系统提示文本框

8. 隐藏分型面、坯料和模具元件

(1) 选择"视图"命令选项卡 可见性 区域中的 模具显示 按钮，此时系统弹出如图 3-126 所示的"遮蔽和取消遮蔽"对话框(一)。

(2) 遮蔽坯料和模具元件。

① 在"遮蔽和取消遮蔽"对话框(一)左边的"可见元件"列表中，按住 Ctrl 键，选择参考零件和坯料。

② 单击"遮蔽和取消遮蔽"对话框(一)下部的 遮蔽 按钮。

(3) 遮蔽分型面。

① 在"遮蔽和取消遮蔽"对话框(一)右边的"过滤"区域中按下 分型面 按钮，此时弹出"遮蔽和取消遮蔽"对话框(二)，如图 3-127 所示。

图 3-126 "遮蔽和取消遮蔽"对话框(一)　　图 3-127 "遮蔽和取消遮蔽"对话框(二)

② 单击"遮蔽和取消遮蔽"对话框(二)"可见曲面"列表下方 ▤ 按钮。

③ 单击"遮蔽和取消遮蔽"对话框(二)下部的 遮蔽 按钮。

(4) 单击"遮蔽和取消遮蔽"对话框(二)下部的 确定 按钮。

9. 开模

1) 移动下模

(1) 选择"模具"命令选项卡 分析▾ 区域的"模具开模"命令按钮 ⛁ 。

(2) 在系统弹出的"菜单管理器"菜单中选择 定义步骤 命令,在系统弹出的 ▼定义步骤 下拉菜单中选择 定义移动 命令。

(3) 用"列表选取"的方法选取要移动的模具元件。在系统消息区 ⇨为迁移号码1 选择构件. 的信息提示下,先将鼠标指针移至如图 3-128 所示模型中的位置 A;在"选取"对话框中单击 确定 按钮。

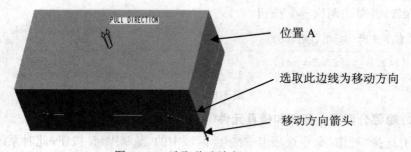

图 3-128 选取移动放向

(4) 在系统消息区 ⇨通过选择边、轴或面选择分解方向. 的信息提示下,选取如图 3-128 所示的边线为移动方向,然后在系统 输入沿指定方向的位移 的信息提示下,输入要移动的距离"20",并按回车键。

(5) 在"定义步骤"菜单中选择"完成"命令,完成下模的移动。

2) 移动上模

(1) 参照下模开模步骤的操作方法选取上模,选取如图 3-128 所示的边线为移动方向,然后输入要移动的距离"−20"。

(2) 在"定义步骤"菜单中选择"完成"命令，完成上模的移动。

(3) 在"模具开模"菜单中选择"完成/返回"命令，完成开模后的模具模型如图 3-129 所示。

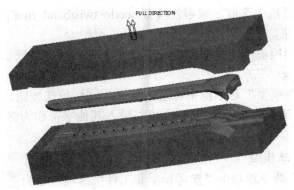

图 3-129 完成开模后的模具模型

3.3 一模多穴的型腔设计

一个模具中可以含有多个相同的型腔，注射时便可以同时获得多个成型零件，这就是一模多穴模具。如图 3-130 所示便是一模多穴的例子，下面以此为例，说明其设计流程。

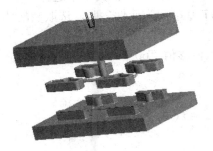

图 3-130 一模多穴模具设计

1. 新建一个模具制造文件

(1) 选取"文件"下拉菜单中的"新建"命令(或在快速访问工具栏中单击新建文件按钮 □)。

(2) 在"新建"对话框中，选择 类型 区域中的 制造 按钮，选中 子类型 区域中的 模具型腔 按钮，在 名称 文本框中输入文件名"twistband_ring_mold"，取消 使用缺省模板 复选框中的对号，单击该对话框中的 确定 按钮。

(3) 在系统弹出的"新文件选项"对话框中的模板区域选取 mmns_mfg_mold 模板，然后在该对话框中单击 确定 按钮。

2. 建立模具模型

在开始设计模具前，应先创建一个模具模型，模具模型包括参照模型和坯料。

1) 引入第一个参照模型

(1) 单击"模具"命令选项卡"参考模型和工件"选项区域的 按钮，并在系统弹出的下拉列表中单击 组装参考模型 命令，此时系统弹出"打开"对话框。

(2) 在"打开"对话框中选取三维零件模型 beetle_twistband_ring.prt 作为参考零件模型，然后单击"打开"按钮。

(3) 在元件放置操控板的"约束类型"下拉列表框中选择"默认"约束，再在操控板中单击"完成"按钮 ✔。

(4) 在"创建参考模型"对话框中，选中 ⦿ 按参考合并 单选按钮，然后在 参考模型 名称文本框中接受系统默认的参考模型名称(也可以输入其他字符作为参考模型名称)，再单击 确定 按钮。

2) 引入第二个参照模型

(1) 单击"模具"命令选项卡"参考模型和工件"选项区域的 按钮，并在系统弹出的下拉列表中单击 组装参考模型 命令，此时系统弹出"打开"对话框。

(2) 在"打开"对话框中选取三维零件模型 beetle_twistband_ring.prt 作为参考零件模型，然后单击"打开"按钮。

(3) 系统弹出元件"放置"操控板。

首先指定第一个约束。

① 在元件"放置"操控板中单击 放置 按钮。

② 在"放置"界面的"约束类型"下拉列表中选择 距离 选项。

③ 选取参照件的 RIGHT 基准面为元件参照，选取装配体的 MOLD_RIGHT 基准面为组件参照。

④ 在 偏移 文本框中输入偏移值"60"，如图 3-131 所示。

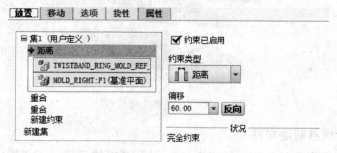

图 3-131 "放置"操控板

然后指定第二个约束。

① 单击 ➡新建约束 字符。

② 在"约束类型"下拉列表中选择 重合 。

③ 选择参照件的 FRONT 基准平面为元件参照，选取装配体的 MOLD_FRONT 基准平面为组件参照。

最后指定第三个约束。

① 单击 ➡新建约束 字符。

② 在"约束类型"下拉列表中选择 重合 。

③ 选择参照件的 TOP 基准平面为元件参照，选取装配体的 MAIN_PARTING_PLN 基准平面为组件参照。

(4) 至此，约束定义完成，在操控板中单击"完成"按钮 ✔ 。

(5) 在系统弹出的"创建参考模型"对话框中，选中 ◉ 按参考合并 单选按钮，然后在 参考模型 名称文本框中接受系统默认的参考模型名称(也可以输入其他字符作为参考模型名称)，再单击 确定 按钮。

3) 引入第三个参照模型

(1) 单击"模具"命令选项卡"参考模型和工件"选项区域的 🔳 按钮，并在系统弹出的下拉列表中单击 🖻 组装参考模型 命令，此时系统弹出"打开"对话框。

(2) 在"打开"对话框中选取三维零件模型 beetle_twistband_ring.prt 作为参考零件模型，然后单击"打开"按钮。

(3) 系统弹出元件"放置"操控板。

首先指定第一个约束。

① 在"元件放置"操控板中单击 放置 按钮。

② 在"放置"界面的"约束类型"下拉列表中选择 ⊥ 重合 ▼ 选项。

③ 选取参照件的 TOP 基准面为元件参照，选取装配体的 MAIN_PARTING_PLN 基准面为组件参照。

然后指定第二个约束。

① 在元件"放置"操控板中单击 放置 按钮。

② 在"放置"界面的"约束类型"下拉列表中选择 ⊥ 重合 ▼ 选项。

③ 选取参照件的 RIGHT 基准面为元件参照，选取装配体的 MOLD_RIGHT 基准面为组件参照。

最后指定第三个约束。

① 在元件"放置"操控板中单击 放置 按钮。

② 在"放置"界面的"约束类型"下拉列表中选择 ┌┐ 距离 ▼ 选项。

③ 选取参照件的 FRONT 基准面为元件参照，选取装配体的 MOLD_FRONT 基准面为组件参照。

④ 在 偏移 文本框中输入值偏移值"120"。

(4) 至此，约束定义完成，在操控板中单击"完成"按钮 ✔ 。

(5) 在系统弹出的"创建参考模型"对话框中选中 ◉ 按参考合并 单选按钮，然后在 参考模型 名称文本框中接受系统默认的参考模型名称 ⊥ 重合 ▼ (也可以输入其他字符作为参考模型名称)，再单击 确定 按钮。

4) 引入第四个参照模型

(1) 单击"模具"命令选项卡"参考模型和工件"选项区域的 🔳 按钮，并在系统弹出的下拉列表中单击 🖻 组装参考模型 命令，此时系统弹出"打开"对话框。

(2) 在"打开"对话框中选取三维零件模型 beetle_twistband_ring.prt 作为参考零件模型，然后单击"打开"按钮。

(3) 系统弹出元件"放置"操控板。

首先指定第一个约束。

① 在元件"放置"操控板中单击 **放置** 按钮。

② 在"放置"界面的"约束类型"下拉列表中选择 **重合** 选项。

③ 选取参照件的 TOP 基准面为元件参照，选取装配体的 MAIN_PARTING_PLN 基准面为组件参照。

然后指定第二个约束。

① 在元件"放置"操控板中单击 **放置** 按钮。

② 在"放置"界面的"约束类型"下拉列表中选择 **距离** 选项。

③ 选取参照件的 FRONT 基准面为元件参照，选取装配体的 MOLD_FRONT 基准面为组件参照。

④ 在 **偏移** 文本框中输入偏移值"120"。

最后指定第三个约束。

① 在元件"放置"操控板中单击 **放置** 按钮。

② 在"放置"界面的"约束类型"下拉列表中选择 **距离** 选项。

③ 选取参照件的 RIGHT 基准面为元件参照，选取装配体的 MOLD_RIGHT 基准面为组件参照。

④ 在 **偏移** 文本框中输入偏移值"60"。

(4) 至此，约束定义完成，在操控板中单击"完成"按钮 **✓**。

(5) 在系统弹出的"创建参考模型"对话框中选中 **⊙ 按参考合并** 单选按钮，然后在 **参考模型** 名称文本框中接受系统给出的默认的参考模型名称(也可以输入其他字符作为参考模型名称)，再单击 **确定** 按钮。完成后的装配体如图 3-132 所示。

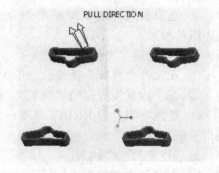

图 3-132　第四个参照模型组装完成后

5) 隐藏第二至第四个参照模型的基准面

为了使屏幕简洁，将所有参照模型的三个基准面隐藏起来。下面以隐藏第二个参照模型的三个基准面为例进行讲解。

(1) 选择导航命令卡中的命令。

(2) 在屏幕左边的导航命令卡中，单击按钮 **▼**，从下拉列表中选择第二个参照模型 **📄▼ → 层树(L)** **TWISTBAND_RING_MOLD_REF_1.PRT**。

(3) 在层树中，选择参照模型的基准面层 **◯ 01　PRT_ALL_DTM_PL**；然后单击鼠标右键，在弹出的快捷菜单中选择 **隐藏** 命令，完成参照模型三个基准面的隐藏；接着单击屏幕"刷新"按钮 **▨**。这样模型的基准面将不显示。

(4) 隐藏第三个和第四个参照模型的基准面，详细步骤参考(1)~(3)。

(5) 操作完成后，选择导航选项卡中的 **📄▼ → 模型树(M)** 命令，切换到模型树状态。

6) 创建基准平面 ADTM1

这里创建的基准平面 ADTM1 将作为后面坯料特征的草绘截面。

(1) 单击"模具"命令选项卡 **基准▼** 区域的平面按钮 **▱**。

(2) 系统弹出"基准平面"对话框,选取 MAIN_PARTING_PLN 基准平面为参照平面,偏移值为 42。

(3) 在"基准平面"对话框中单击 确定 按钮。

7) 创建坯料

(1) 单击"模具"命令选项卡 参考模型和工件 中 工件 按钮的下拉箭头。

(2) 在弹出的下拉列表中选择 创建工件 命令。

(3) 在系统弹出的"创建元件"对话框中选中 类型 区域的 零件 单选按钮,选中 子类型 区域的 实体 单选按钮,在 名称 文本框中输入坯料的名称"twistband_ring_wp",然后单击 确定 按钮。

(4) 在系统弹出的"创建选项"对话框中选中 创建特征 单选按钮,然后单击 确定 按钮。

8) 创建坯料特征

(1) 选择命令。在弹出的"模具"命令选项卡中选择 形状▼ → 拉伸 命令,此时系统出现实体拉伸操控板。

(2) 定义草绘截面放置属性。首先在实体拉伸操控板中,确认"实体"类型按钮 □ 被按下。然后在绘图区中单击鼠标右键,在出现的草绘快捷菜单中选择 定义内部草绘... 命令;系统弹出"草绘"对话框,选择 DTM1 平面作为草绘平面,接受系统默认的 MOLD_RIGHT 基准面作为草绘平面的参考平面,方向为右,然后单击 草绘 按钮,系统进入截面草绘环境。

(3) 绘制特征截面。进入截面草绘环境后,选取 □ MOLD_FRONT 基准面和 □ MOLD_RIGHT 基准面为草绘参考,绘制如图 3-133 所示的特征截面,完成绘制后,单击工具栏中的 ✔ 按钮。

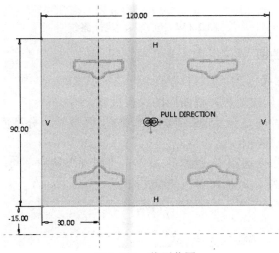

图 3-133 截面草图

(4) 选取深度类型并输入深度值。在操控板中选取深度类型 🗗▼(即"对称"),再在深度文本框中输入深度值"30",并按回车键。

(5) 预览特征。在操控板中单击 👓 按钮,可预览所创建的拉伸特征。

(6) 完成特征。在操控板中单击 ✔ 按钮,完成特征的创建。

3．设置收缩率

设置第一个参照模型的收缩率。

（1）单击"模具"命令选项卡 `生产特征▾` 选项按钮的下拉箭头，在系统弹出的下拉菜单中单击 `按比例收缩 ▸`，然后选择 `按尺寸收缩` 命令。

（2）在系统弹出的"按尺寸收缩"对话框中确认 `公式` 区域的 `1+S` 按钮被按下；在 `收缩选项` 区域选中 `☑更改设计零件尺寸` 复选框；在"收缩率"区域的"比率"栏中输入收缩率"0.006"，并按回车键，然后单击对话框中的 `✔` 按钮。

说明： 由于参考模型相同，所以设置第一个模型收缩率为 0.006 后，系统会自动将其余三个模型的收缩率调整到 0.006，不需要再进行设置。

4．建立浇注系统

创建后的浇注系统如图 3-134 所示，具体步骤会在第 6 章流道和水线的设计中详细介绍。

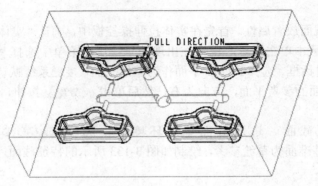

图 3-134 创建后的浇注系统

5．创建模具分型曲面

1）定义第一个分型面

以下操作是创建模具的型芯分型曲面的操作过程：

（1）单击"模具"命令选项卡 `分型面和模具体积块▾` 区域的"分型面"按钮 `▨`，此时系统弹出"分型面"命令选项卡。

（2）在"分型面"命令选项卡 `控制` 区域单击"属性"按钮 `▤`，在如图 3-135 所示的"属性"对话框中采用默认名称，单击 `确定` 按钮。

图 3-135 "属性"对话框

（3）为了方便选取图元，将坯料遮蔽。在模型树中右击 `▶ 📁 TWISTBAND_RING_WP.PRT`，从弹出的快捷菜单中选择"遮蔽"命令。

2) 通过复制的方法，创建分型面

(1) 单击鼠标左键选取模具原件的外表面，按住 Ctrl 键选取模具元件的整个外表面，如图 3-136 所示。

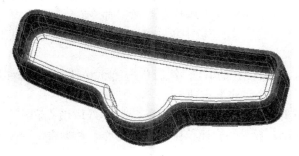

图 3-136　选取需复制表面

(2) 单击"模具"命令选项卡 操作▾ 区域中的 复制 按钮；然后单击 粘贴▾ 按钮。在系统弹出的 **曲面：复制** 操控板中单击 ✔ 按钮。

(3) 在"分型面"选项卡中单击"确定"按钮 ✔，完成分型面的创建。

3) 用填充的方法创建第二个分型面

(1) 单击"模具"命令选项卡 分型面和模具体积块▾ 区域的"分型面"按钮 ，此时系统弹出"分型面"命令选项卡。

(2) 在"分型面"命令选项卡 控制 区域中单击"属性"按钮 ，在弹出的"属性"对话框中采用默认名称，单击 确定 按钮。

(3) 选择命令。单击"分型面"功能选项卡 曲面设计▾ 区域中的填充按钮 ，此时弹出"填充"操控板。

(4) 定义草绘界面放置属性。在绘图区单击鼠标右键，从弹出的快捷菜单中选择 定义内部草绘... 命令，在系统 ➡选择一个平面或曲面以定义草绘平面。的命令提示下，选取元件的上表面为草绘平面，然后选取 ⬭ MOLD_RIGHT 基准面为参考平面，方向向右，接着单击 草绘 按钮。

(5) 定义截面草图。进入截面草绘环境后，通过 ▫ 投影 命令选取如图 3-137 所示的边界。完成截面草图绘制后，单击"草绘"操控板中的 ✔ 按钮。

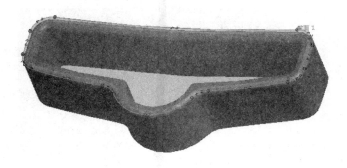

图 3-137　创建截面

(6) 在"填充"操控板中单击 ✔ 按钮，完成特征的创建。

(7) 在"分型面"选项卡中单击确定按钮 ✔，完成分型面的创建。

4) 合并分型面

(1) 选取第一个分型面，按住 Ctrl 键选取第二个分型面，然后在"模型"命令选项卡中单击 修饰符 ▾ 按钮，在下拉菜单中选择 🔄 合并 命令。

(2) 在系统弹出的"合并"操控板中单击"选项"按钮，在"选项"界面中选中 ⦿ 相交 单选按钮。

(3) 单击 ⤢ 按钮，切换合并的方向；然后单击 👓 按钮，预览合并后的面组，如图 3-138 所示。确认无误后，单击"完成"按钮 ✔。

(4) 在模型树中选取复制的分型面，按住 Ctrl 键选取填充和合并的分型面，单击鼠标右键，在出现如图 3-139 所示的快捷单中选取组命令，将复制、填充和合并三个步骤合并成组。

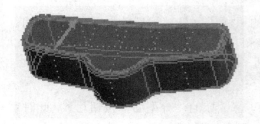

图 3-138　复制后的分型面

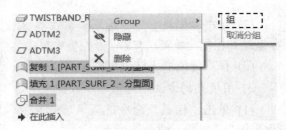

图 3-139　合并组

5) 镜像分型面

(1) 构建镜像平面 ADTM2。

① 单击"模具"命令选项卡 基准 ▾ 区域的平面按钮 ▱。

② 系统弹出"基准平面"对话框，选取如图 3-140 所示的坯料"平面 A"为参考面，偏移值为 45。

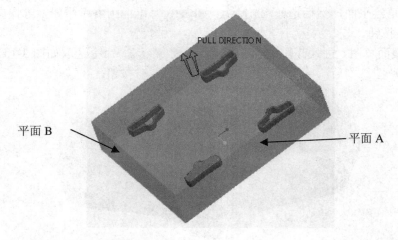

图 3-140　镜像平面参考

③ 在"基准平面"对话框中单击 确定 按钮。

(2) 构建镜像平面 ADTM3。

① 单击"模具"命令选项卡 基准▾ 区域的平面按钮 ▱ 。

② 系统弹出"基准平面"对话框，选取如图 3-140 所示的"平面 B"为参考面，偏移值为 60。

③ 在"基准平面"对话框中单击 确定 按钮。

(3) 选中模型树中的 ▶ 组LOCAL_GROUP ，然后在"模型"命令选项卡中单击 修饰符▾ 按钮，在下拉菜单中选择 ◫ 镜像 命令。

(4) 选取"ADTM2"基准面为镜像基准平面，单击"镜像"操控板中的"完成"按钮 ✔ 。

(5) 重复(3)～(4)的步骤，分别选取 ADTM2 和 ADTM3 基准面作为镜像基准平面，镜像后的分型面如图 3-141 所示。

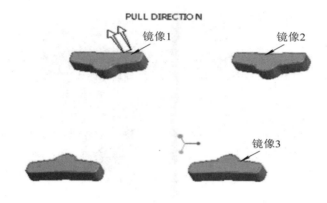

图 3-141　镜像后的分型面

6) 通过拉伸的方法创建主分型面

(1) 单击"模具"命令选项卡 分型面和模具体积块▾ 区域的"分型面"按钮 ▨ ，此时系统弹出"分型面"命令选项卡。

(2) 在"分型面"命令选项卡 控制 区域单击"属性"按钮 ▤ ，此时系统弹出"属性"对话框输,采用系统默认的分型面名称，单击 确定 按钮。

(3) 将坯料的遮蔽取消。鼠标右键单击模型树中的 ▱TWISTBAND_RING_WP.PRT ，在弹出的快捷菜单中单击 取消遮蔽 命令。

(4) 选择命令。单击"分型面"命令选项卡 形状▾ 区域中的"拉伸"按钮 ▰ ，此时系统弹出"拉伸"命令操控板。

(5) 定义草绘截面放置属性。用鼠标右键单击图形区,从弹出的菜单中选择 定义内部草绘... 命令，选取坯料的前面为草绘基准平面，草绘参考和视图方向接受系统默认设置，单击 草绘 按钮进入草绘视图界面。

(6) 绘制截面草图。单击"草绘"命令选项卡 设置▾ 区域中的 ▯ 参考 按钮，或在图形区单击鼠标右键，从下拉菜单中选择 参考(R)... 命令按钮，在出现的"参考"对话框中选取坯料的两侧边线和底面为参照，然后用直线命令绘制一条直线段，如图 3-142 所示。完成截面的绘制后，单击工具栏中的 ✔ 按钮。

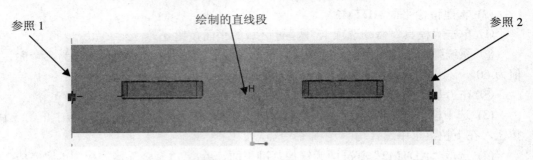

图 3-142　草绘截面

(7) 在弹出的操控板中选取深度类型 ⊥⊥(到选定的),然后选取坯料的后面为终止面。

(8) 在"拉伸"命令操控板中单击"完成"按钮 ✔,完成特征的创建,如图 3-143 所示。

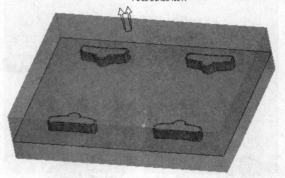

图 3-143　拉伸后的分型面

7) 将主分型面和前面合并的分型面在做一次合并

(1) 按住 Ctrl 键选取模型树中主分型面和前面组 1 中的 合并 1 分型面,然后在"模型"命令选项卡中单击 修饰符 ▾ 按钮,在下拉菜单中选择 合并 命令。

(2) 在系统弹出的"合并"操控板中单击"选项"按钮,在"选项"界面中选中 ◉ 相交单选按钮。

(3) 单击 ✗ 按钮,切换合并的方向;然后单击 6d 按钮,预览合并后的面组,确认无误后,单击"完成"按钮 ✔。

(4) 重复(1)～(3)的步骤,分别选取如图 3-141 所示的镜像 1～3 中的分型面进行合并,合并后的分型面如图 3-144 所示。

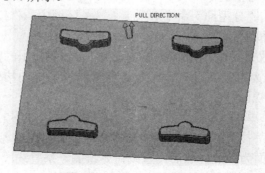

图 3-144　合并后的分型面

6．构建模具元件体积块

(1) 选择"模具"命令选项卡 分型面和模具体积块 ▾ 区域中 模具体积块 ▾ 下拉菜单中的 🖥 体积块分割 命令，进入"分割体积块"菜单。

(2) 在系统弹出的"分割体积块"菜单中，依次选择 两个体积块 → 所有工件 → 完成 命令，此时系统弹出"分割"对话框和"选择"对话框。

(3) 用"列表选取"的方法选取分型面。

① 在系统消息区 ➡为分割工件选择分型面. 的信息提示下，在模型中主分型面的位置单击鼠标右键，从快捷菜单中选取 从列表中拾取 命令。

② 在弹出的"从列表中拾取"对话框中选取列表中的 面组:F14(PART_SURF_1) 分型面，然后单击 确定(0) 按钮。

③ 在"选择"对话框中单击 确定 按钮。

(4) 在"分割"对话框中单击 确定 按钮。

(5) 此时系统弹出如图 3-145 所示的"属性"对话框(一)，同时模型中的下半部分变亮，采用系统默认的名称，单击 确定 按钮。

(6) 此时系统弹出如图 3-146 所示的"属性"对话框(二)，同时模型的上半部分变亮，采用系统默认的名称，单击 确定 按钮。

图 3-145 "属性"对话框(一)

图 3-146 "属性"对话框(二)

7．抽取模具元件

选择"模具"命令选项卡 元件 ▾ 区域 模具元件 ▾ 下拉菜单中 🖱 型腔镶块 命令，此时系统弹出如图 3-147 的"创建模具元件"对话框，单击对话框中选择所有体积块命令按钮 ☰ 选择所有的体积块，然后单击 确定 按钮。

图 3-147 "创建模具元件"对话框

8. 生成浇注件

(1) 选择"模具"命令选项卡 元件▼ 区域中的 🏫创建铸模 命令。

(2) 在如图 3-148 所示的系统提示文本框中输入浇注件零件名"twistband_ring_molding",并单击两次 ✔ 按钮。

输入零件 名称 [PRT0001]:

twistband_ring_molding　　　　　　　　　　　　　✔ ✕

图 3-148　系统提示文本框

9. 隐藏分型面、坯料和模具元件

(1) 选择"视图"命令选项卡 可见性 区域的 🗒模具显示 按钮，此时系统弹出如图 3-149 所示的"遮蔽和取消遮蔽"对话框(一)。

(2) 遮蔽坯料和模具元件。

① 在"遮蔽和取消遮蔽"对话框(一)左边的"可见元件"列表中，按住 Ctrl 键，选择参考零件和坯料。

② 单击"遮蔽和取消遮蔽"对话框(一)下部的 遮蔽 按钮。

(3) 遮蔽分型面。

① 在"遮蔽和取消遮蔽"对话框(一)右边的"过滤"区域中按下 🔵分型面 按钮，此时弹出"遮蔽和取消遮蔽"对话框(二)，如图 3-150 所示。

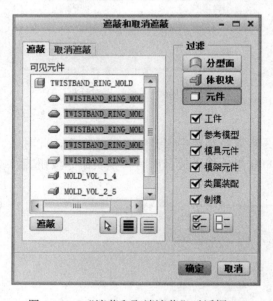

图 3-149　"遮蔽和取消遮蔽"对话框(一)　　　图 3-150　"遮蔽和取消遮蔽"对话框(二)

② 在"遮蔽和取消遮蔽"对话框(二)"可见曲面"列表中选择分型面 🔵PART_SURF_1 。

③ 单击"遮蔽和取消遮蔽"对话框(二)下部的 遮蔽 按钮。

(4) 单击"遮蔽和取消遮蔽"对话框(二)下部的 确定 按钮。

10．开模

1）移动上模

(1) 选择"模具"命令选项卡 分析▼ 区域的"模具开模"命令按钮 ⧠。

(2) 在系统弹出的"菜单管理器"菜单中选择 定义步骤 命令，在系统弹出的 ▼ 定义步骤 下拉菜单中选择 定义移动 命令。

(3) 用"列表选取"的方法选取要移动的模具元件。在系统消息区 ⇨为迁移号码1 选择构件。 的信息提示下，选取上模；在"选取"对话框中单击 确定 按钮。

(4) 在系统消息区 ⇨通过选择边、轴或面选择分解方向。 的信息提示下，选取如图 3-151 所示的边线为移动方向，然后在系统 输入沿指定方向的位移 的信息提示下输入要移动的距离"50"，并按回车键。

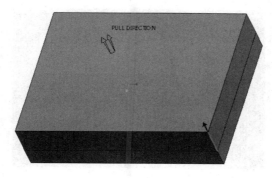

图 3-151　选取移动方向

(5) 在"定义步骤"菜单中，选择"完成"命令，完成上模的移动。

2）移动下模

(1) 参照上模开模步骤的操作方法选取下模，选取如图 3-151 所示的边线为移动方向，然后输入要移动的距离"–50"。

(2) 在"定义步骤"菜单中选择"完成"命令，完成下模的移动。

(3) 在"模具开模"菜单中选择"完成/返回"命令，完成开模后的模具模型如图 3-152 所示。

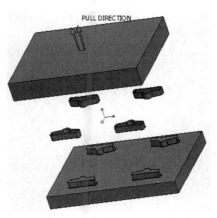

图 3-152　完成开模后的模具模型

思考与练习 ◆◆◆◆◆◆◆◆◆◆

1. 简述创建简易分型面的方法。
2. 简述不同分型面创建方法的特点。
3. 试述建立模具分型面的过程。
4. 试述在设计模具时为什么要设置收缩率。

项目四

复杂模具型腔设计

【内容导读】

在项目三中通过简单的例子详细讲解了使用分型面法进行模具设计的例子，本项目在此基础上，重点讲解一些较为复杂的模具设计。

复杂型腔的零件表面不同部分包括了型腔表面和靠破孔表面，分型面设计较复杂，必须利用曲线特征及曲面操控命令来进行，下面以手表盖模具设计为例说明复杂模具的滑块及斜销设计，以表带零件为例说明含复杂破孔的零件的型腔分型面设计。

【知识目标】

- 熟悉并理解各种分型面的创建方法。
- 掌握带滑块的模具设计方法及思路。
- 掌握模具中斜销的设计方法。

【能力目标】

- 能够根据产品分析模具设计思路。
- 能够根据零件结构，选择最合适的分型面设计。
- 能对含有复杂破孔的零件完成模具型腔设计。

相关知识 ◆◆◆◆◆◆◆◆◆◆

1. 滑块机构

所谓滑块，是倒钩处理的一种方式，是在模具的开模动作中能够按垂直于开合模方向或与开合模方向成一定角度滑动的模具组件。这种结构设计经济性好，动作可靠，实用性强。

当产品结构出现倒钩，导致模具在不采用滑块不能正常脱模的情况下，就需要设计滑块机构来完成零件的脱模了。

滑块材料本身应具备适当的硬度，耐磨性，足够承受运动的摩擦。滑块上的型腔部分或型芯部分硬度要与模腔模芯其他部分同一级别。

2. 斜销机构

模具斜销又名斜顶，斜顶是以港资模具厂为主的珠三角地区模具行业的惯用说法，是模具设计中用来成形产品内部倒钩的机构，适用于比较简单的倒钩情况。

斜销是模具设计的机构之一，同滑块一样也是为了处理一些倒钩而引入的机构，那么斜销设计与滑块设计的不同在哪里呢？

　　斜销与滑块的基本原理都是将模具开模时垂直方向的运动转换为水平方向的运动，其最大的不同，在于动作的驱动力来源不同：斜销主要靠顶针板运动而动作，并非像滑块是靠公母模开闭的运动而动作的。因此斜销的设计与顶针板行程有关系，这就是斜销设计与滑块设计的最大不同点。

3. 填补破孔分型面的设计法

　　在用 Creo 4.0 设计分型面时，常用两种设计方法：着色(Shadow)法和裙边(Skirt)法。利用这两种方法构建分型面，既方便又快捷，但这两种方法仅适用于参照模型表面只属于模具型腔或型芯的表面，即其内、外分型面只属于型腔或型芯的单一分割。但对外形较复杂的零件，分型面不是一个组件特征，不能够用这两种方法直接构建分型面，必须采用填补破孔的复合分型面法。

　　零件参照模型在拔模方向上可能会存在孔洞，分型面不能完全分割型腔，这就需要对破孔(内部环)进行填补，这种填充破孔的操作就称为靠破孔。修补破孔实质上是填补小型芯(成型杆)与主型芯或型腔的直接接触面。常用靠破孔的方法有三种：复制修补法、构建曲面修补法和裙边修补法。

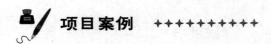

4.1　滑　块　设　计

　　图 4-1 所示为一个手表盖的模具，该手表盖包含四个卡勾槽，要使手表盖能顺利脱模，必须有滑块的帮助才能完成，下面将介绍这套模具的设计过程。

图 4-1　手表盖

1. 新建模具制造模型，进入模具模块

　　(1) 选取"新建"命令，在工具栏中单击新建文件按钮 🗋 。

　　(2) 在"新建"对话框中选择 类型 区域中的 制造 按钮，选中 子类型 区域中的 ◉ 模具型腔 按钮，在 名称 文本框中输入文件名"beetle_hsg_up"，取消 ☑ 使用默认模板 复选框中的对号，单击该对话框中的 确定 按钮。

　　(3) 在系统弹出的"新文件选项"对话框中的模板区域，选取 mmns_mfg_mold 模板，然后在该对话框中单击 确定 按钮。

2. 建立模具模型

在开始设计一个模具前，应先创建一个"模具模型"，模具模型包括参照模型和坯料，如图 4-2 所示。

图 4-2　参照模型和坯料

(1) 单击"模具"命令选项卡"参考模型和工件"选项区域的"参考模型"按钮🏠，并在系统弹出的下拉列表中单击 📂 组装参考模型 命令，此时系统弹出"打开"对话框。

(2) 在"打开"对话框中，选取三维零件模型 beetle_hsg_up.prt 作为参考零件模型，然后单击"打开"按钮。

(3) 系统弹出如图 4-3 所示的"元件放置"操控板，在"约束类型"下拉列表框中选择"默认"约束，再在该操控板中单击完成按钮 ✔。

图 4-3　"元件放置"操控板

(4) 系统弹出如图 4-4 所示的"创建参考模型"对话框，选中 ⦿ 按参考合并 单选按钮，然后在 参考模型 名称文本框中接受系统默认的参考模型名称(也可以输入其他字符作为参考模型名称)，再单击 确定 按钮。

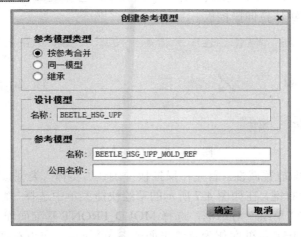

图 4-4　"创建参考模型"对话框

(5) 参照件组装完成后，模具的基准平面与参照模型的基准平面对齐，如图 4-5 所示。

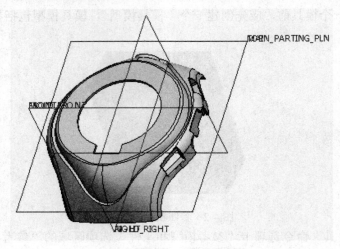

图 4-5　参照件组装完成后

3. 创建坯料

1) 创建坯料特征

(1) 单击"模具"命令选项卡 参考模型和工件 中 工件 按钮的下拉箭头。

(2) 在弹出的下拉列表中选择 创建工件 命令。

(3) 在系统弹出的"创建元件"对话框中，选中 类型 区域中的 零件 单选按钮，选中 子类型 区域的 实体 单选按钮，在 名称 文本框中输入坯料的名称"beetle_hsg_up_wp"，然后单击 确定 按钮。

(4) 在系统弹出的"创建选项"对话框中选中 创建特征 单选按钮，然后单击 确定 按钮。

2) 创建实体拉伸特征

(1) 选择命令。在弹出的"模具"命令选项卡中，选择 形状▾ → 拉伸 命令，此时系统出现如图 4-6 所示的实体拉伸操控板。

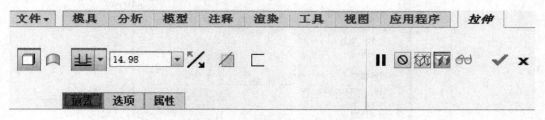

图 4-6　实体拉伸操控板

(2) 定义草绘截面放置属性。首先在操控板中确认"实体"类型按钮 □ 被按下。然后在绘图区中单击鼠标右键，在如图 4-7 所示的草绘快捷菜单中选择 定义内部草绘… 命令；系统弹出如图 4-8 所示的"草绘"对话框，选择 MOLD_FRONT 基准面作为草绘平面，接受系统默认的 MOLD_RIGHT 基准面作为草绘平面的参考平面,方向为右,然后单击 草绘 按钮，系统进入截面草绘环境。

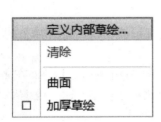

图 4-7 草绘快捷菜单

图 4-8 "草绘"对话框

(3) 绘制特征截面。进入截面草绘环境后，系统弹出如图 4-9 所示的"参考"对话框，选取 MOLD_RIGHT 基准面和 MAIN_PARTING_PLN 基准面为草绘参考，然后单击 <u>关闭(C)</u> 按钮，绘制如图 4-10 所示的特征截面草图，完成绘制后，单击工具栏中的 ✔ 按钮。

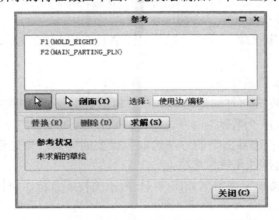

图 4-9 "参考"对话框

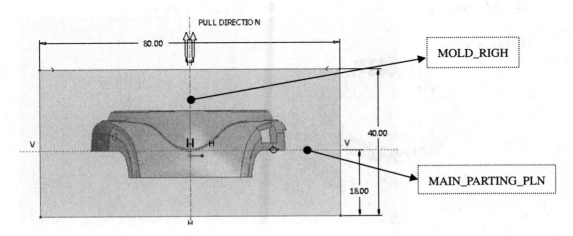

图 4-10 特征截面草图

(4) 选取深度类型并输入深度值。在拉伸操控板中，选取深度类型 ⊟▾(即"对称")，再在深度文本框中输入深度值"100"，并按回车键。

(5) 预览特征。在拉伸操控板中单击 66 按钮，可预览所创建的拉伸特征。

(6) 完成特征。在拉伸操控板中单击 ✔ 按钮，完成特征的创建。

4．设置收缩率

(1) 单击"模具"命令选项卡 生产特征▾ 选项按钮的下拉箭头，在系统弹出的下拉菜单中单击 ⊞ 按比例收缩 ▸ ，然后选择 ☺ 按尺寸收缩 命令。

(2) 系统弹出"按尺寸收缩"对话框，确认 公式 区域的 1+s 按钮被按下；在 收缩选项 区域选中 ☑ 更改设计零件尺寸 复选框；在"收缩率"区域的"比率"栏中，输入收缩率"0.006"，并按回车键，然后单击对话框中的 ✔ 按钮。

5．创建模具分型曲面

以下操作是创建模具的分型曲面。

1）创建分型面

(1) 单击"模具"命令选项卡 分型面和模具体积块▾ 区域的"分型面"按钮 ◡ ，系统弹出"分型面"命令选项卡。

(2) 在"分型面"命令选项卡 控制 区域单击"属性"按钮 📝 ，输入分型面名称"main_ps"，单击 确定 按钮。

2）通过"曲面复制"的方法复制模型上的表面

(1) 为了方便选取图元将坯料遮蔽。在模型树中右击 ▶ 🗁 BEETLE_HSG_UP_WP.PRT ，从弹出的快捷菜单中选择"遮蔽"命令。

(2) 采用"种子面与边界面"的方法选取所需要的曲面。为方便选取，在屏幕右下方的"智能选取栏"中选择"几何"选项。

① 选取种子面。将模型调整到如图 4-11 所示的视图方位，将鼠标指针移到模型中的目标位置，选取模型上表面 A 面为种子面。

② 按住 Shift 键，依次增加如图 4-11 放大图所示的整圈边界面 B。

③ 按住 Shift 键，增加边界曲面 C～H，详情如图 4-12 和图 4-13 所示。

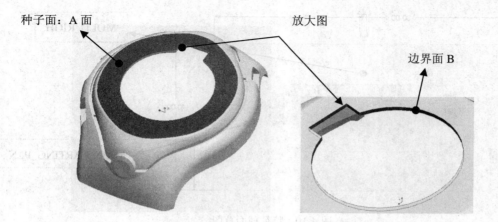

图 4-11　定义种子面及边界面 B

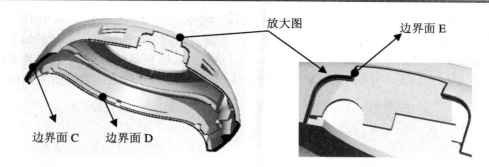

图 4-12　定义边界面(一)

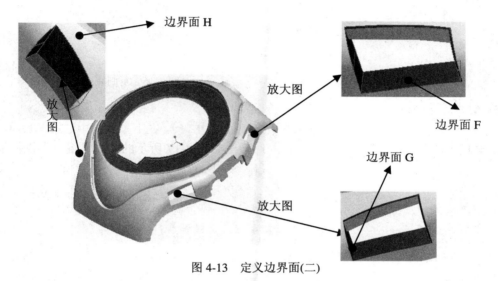

图 4-13　定义边界面(二)

(3) 单击"模具"命令选项卡 操作▾ 区域中的 🗐复制 按钮，然后单击 🗐粘贴▾ 按钮，此时系统弹出如图 4-14 所示的"曲面：复制"操控板。

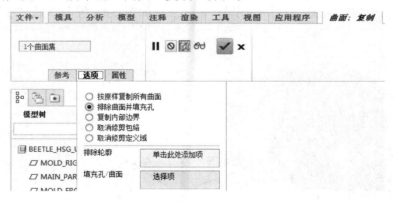

图 4-14　"曲面：复制"操控板

(4) 填补复制曲面上的破孔。在操控板中单击"选项"按钮，在弹出的"选项"界面中选中 ◉ 排除曲面并填充孔 单选按钮，在 填充孔/曲面 文本框中单击 单击此处添加项，在系统 ➡选择封闭的边环或曲面以填充孔。的信息提示下，选择图 4-11 中的种子面 A 作为需填充的曲面。

（5）排除复制曲面上的曲面。在"曲面：复制"操控板中单击"选项"按钮，在弹出的"选项"界面中选中 ◉ 排除曲面并填充孔 单选按钮，在 排除轮廓 文本框中单击 单击此处添加项，在系统 ➡选择封闭的边环以排除曲面的轮廓。的信息提示下，选择图 4-15 所示的曲面，作为排除曲面。

（6）单击"曲面：复制"操控板中的完成按钮 ✓ ，复制完成后的曲面如图 4-16 所示。

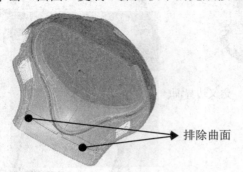

排除曲面

图 4-15　选择排除曲面　　　　　　图 4-16　复制完成后曲面

3）创建边界曲面 1

（1）在"模型"命令选项卡 切口和曲面 ▾ 区域处单击 ▾ ，在下拉菜单中选择 曲面 ▸ ，并单击选项下的 边界混合 命令按钮，此时弹出如图 4-17 所示的"边界混合"操控板。

第一方向曲线操作栏　　　　第二方向曲线操作栏

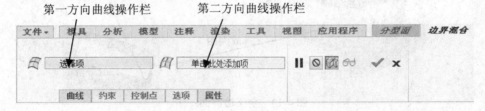

图 4-17　"边界混合"操控板

（2）定义边界曲线。

① 选择第一方向曲线，按住 Ctrl 键，依次选取如图 4-18 所示的第一方向的两条边界曲线。

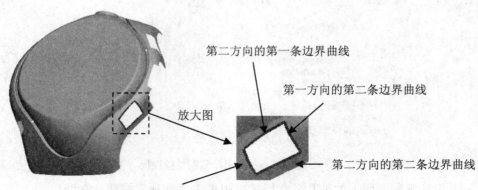

第二方向的第一条边界曲线

第一方向的第二条边界曲线

放大图

第二方向的第二条边界曲线

第一方向的第一条边界曲线

图 4-18　定义边界曲线

② 选择第二方向曲线，在"边界混合"操控板中单击第二方向曲线操作栏，按住 Ctrl 键，依次选取如图 4-18 所示的第二方向的两条边界曲线。

③ 在"边界混合"操控板中单击完成按钮 ✓，完成"边界曲面 1"的创建。

4) 将步骤 2 中的复制曲面 1 与边界曲面 1 合并

(1) 按住 Ctrl 键，选取如图 4-19 所示要合并的两个曲面(复制曲面 1 与边界曲面 1)，然后选择"模型"命令选项卡 修饰符 ∨ 命令下拉菜单中的 🔲 合并 命令。

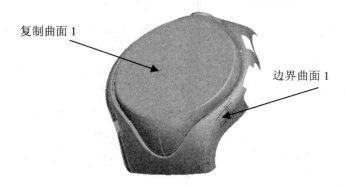

图 4-19　选择合并曲面

(2) 在系统弹出的"合并"操控板中单击"选项"按钮，在"选项"界面中选中 ⦿ 相交 单选按钮。

(3) 单击 ⤢ ⤡ 按钮，切换合并的方向；然后单击 👓 按钮，预览合并后的面组，确认无误后，单击完成按钮 ✓。

5) 创建边界曲面 2

(1) 在"模型"命令选项卡 切口和曲面 ∨ 区域处单击 ▼，在下拉菜单中选择 曲面 ▸，并单击选项下的 ◊ 边界混合 命令按钮，此时弹出如图 4-17 所示的"边界混合"操控板。

(2) 定义边界曲线。

① 选择第一方向曲线，按住 Ctrl 键，依次选取如图 4-20 所示的第一方向的两条边界曲线。

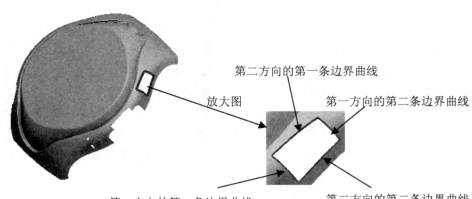

图 4-20　定义边界曲线

② 选择第二方向曲线，在"边界混合"操控板中单击第二方向曲线操作栏，按住 Ctrl 键，依次选取如图 4-20 所示的第二方向的两条边界曲线。

(3) 在"边界混合"操控板中单击完成按钮 ✔，完成"边界曲面 2"的创建。

6）将合并曲面 1 与边界曲面 2 合并

(1) 按住 Ctrl 键，选取要合并的两个曲面（ 🗋 合并 1 [MAIN_PS - 分型面] 与 🗋 合并 2 [MAIN_PS - 分型面] ），然后选择"模型"命令选项卡 修饰符▾ 命令下拉菜单中的 🗇 合并 命令。

(2) 在系统弹出的"合并"操控板中单击"选项"按钮，在"选项"界面中选中 ◉ 相交 单选按钮。

(3) 单击 ✗ ✗ 按钮，切换合并的方向；然后单击 66 按钮，预览合并后的面组，确认无误后，单击完成按钮 ✔。

7）创建边界曲面 3

(1) 在"模型"命令选项卡 切口和曲面▾ 区域处单击 ▾，在下拉菜单中选择 曲面 ▸，并单击选项下的 ✍ 边界混合 命令按钮，此时弹出如图 4-17 所示的"边界混合"操控板。

(2) 定义边界曲线。

① 选择第一方向曲线，按住 Ctrl 键，依次选取如图 4-21 所示的第一方向的两条边界曲线。

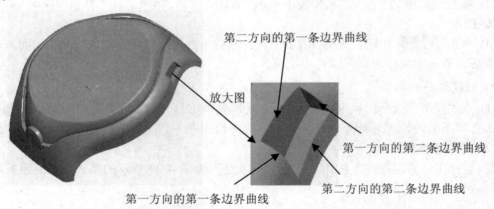

第二方向的第一条边界曲线

放大图

第一方向的第二条边界曲线

第二方向的第二条边界曲线

第一方向的第一条边界曲线

图 4-21　定义边界曲线

② 选择第二方向曲线，在"边界混合"操控板中单击第二方向曲线操作栏，按住 Ctrl 键，依次选取如图 4-21 所示的第二方向的两条边界曲线。

(3) 在"边界混合"操控板中单击完成按钮 ✔，完成"边界曲面 3"的创建。

8）将合并曲面 2 与边界曲面 3 合并

(1) 按住 Ctrl 键，选取要合并的两个曲面（ 🗋 合并 2 [MAIN_PS - 分型面] 与 🗋 合并 3 [MAIN_PS - 分型面] ），然后选择"模型"命令选项卡 修饰符▾ 命令下拉菜单中的 🗇 合并 命令。

(2) 在系统弹出的"合并"操控板中单击"选项"按钮，在"选项"界面中选中 ◉ 相交 单选按钮。

(3) 单击 ⚒ 按钮，切换合并的方向；然后单击 👓 按钮，预览合并后的面组，确认无误后，单击完成按钮 ✔ 。

9) 将复制的表面延伸至坯料表面

遮蔽模具元件：鼠标右键单击模型树中的 ▶ 🍩 BEETLE_HSG_UP_MOLD_REF_1.PRT，在弹出的快捷菜单中选择 遮蔽 按钮。同上操作，取消坯料 🗃 BEETLE_HSG_UP_WP.PRT 的遮蔽。

(1) 选取复制的分型面的边线。

① 选取第一曲线延伸边。将鼠标指针移至模型中的目标位置，即如图 4-22 所示的曲线附近，单击鼠标左键选中曲面边界的一边，在按住 Shift 键，加选外缘边线。

② 单击 模型 命令选项卡的 修饰符▾ 按钮，在下拉菜单中单击 ▣ 延伸 按钮，出现延伸操控板。

(1) 选取延伸的终止面。

① 在延伸操控板中按下按钮 🔲(延伸类型为至平面)。

② 在系统 ⇨ 选择曲面延伸所至的平面。 的信息提示下，选取如图 4-22 所示的坯料的表面为延伸的终止面。

③ 在延伸操控板中单击"确定"按钮。

(3) 用上述方法依次完成曲面的延伸，最终结果如图 4-23 所示。

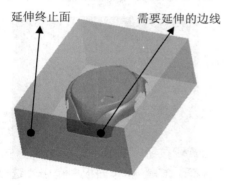

图 4-22　定义延伸边线和延伸终止面

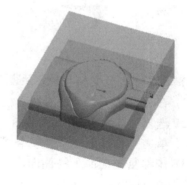

图 4-23　完成延伸后的分型面

10) 完成主分型面创建

单击"分型面"操控板中的"确定"按钮 ✔ ，完成主分型面的创建。

6. 定义斜滑块

1) 将坯料重新显示在画面上和遮蔽模具元件

(1) 选择"视图"命令选项卡 可见性 区域的 🗐 模具显示 按钮，此时系统弹出"遮蔽和取消遮蔽"对话框。

(2) 选取"遮蔽"选项卡，按下 ⬜ 元件 按钮，在"可见元件"列表中选取 🗃 BEETLE_HSG_UP_WP，单击下方的 遮蔽 按钮；按下 🔲 分型面 按钮，在"可见曲面"列表中选取 🔲 MAIN_PS，单击下方的 遮蔽 按钮。

(3) 选取"取消遮蔽"选项卡，按下 ⬜ 元件 按钮，在"遮蔽的元件"列表中选取 🍩 BEETLE_HSG_UP_REF，单击下方的 取消遮蔽 按钮，再单击 确定 按钮。

(4) 单击"模具"命令选项卡 分型面和模具体积块 ▾ 区域的"分型面"按钮 ▨ ，此时系统弹出"分型面"命令选项卡。

(5) 在"分型面"命令选项卡 控制 区域单击"属性"按钮 ▨ ，在"属性"对话框中，输入分型面名称"slide_ps"，单击 确定 按钮。

2) 通过"曲面复制"的方法复制模型上的表面 2

(1) 在屏幕右下方"智能选取栏"中选择"几何"选项。

(2) 选择如图 4-24 中放大图 A 所示的面。

(3) 单击"模具"命令选项卡 操作 ▾ 区域的 ▨ 复制 按钮，然后单击 ▨ 粘贴 ▾ 按钮。

(4) 在 *曲面：复制* 操控板中单击 ✔ 按钮。

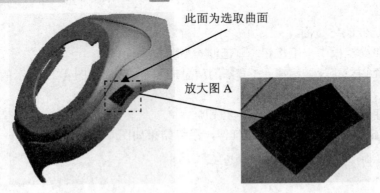

图 4-24　复制表面 2

3) 通过"曲面复制"的方法复制模型上的表面 3

(1) 在屏幕右下方"智能选取栏"中选择"几何"选项。

(2) 选择如图 4-25 中放大图 B 所示的曲面。

(3) 单击"模具"命令选项卡 操作 ▾ 区域的 ▨ 复制 按钮，然后单击 ▨ 粘贴 ▾ 按钮。

(4) 排除复制曲面上的曲面。在系统弹出的 *曲面：复制* 操作面板中单击"选项"按钮，在弹出的"选项"界面中选中 ◉ 排除曲面并填充孔 单选按钮，在 排除轮廓 文本框中单击 单击此处添加项 ，在系统 ⬆ 选择封闭的边环以排除曲面的轮廓。 的信息提示下，选择如图 4-25 放大图 C 所示的曲面，作为排除曲面。

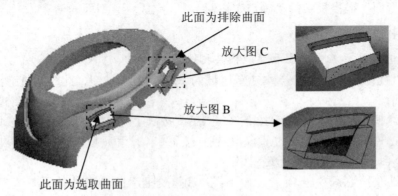

图 4-25　复制表面 3

（5）在 *曲面：复制* 操控板中单击 ✔ 按钮。

4）通过"曲面复制"的方法复制模型上的表面4

（1）在屏幕右下方"智能选取栏"中选择"几何"选项。

（2）选择如图4-26中放大图D所示的面。

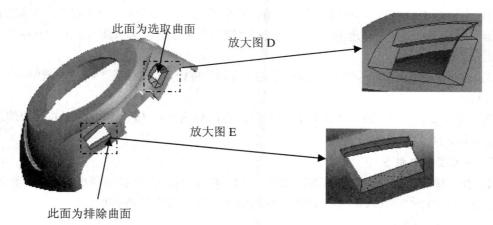

图4-26　复制表面4

（3）单击"模具"命令选项卡 操作▼ 区域的 📄复制 按钮，然后单击 📋粘贴▼ 按钮。

（4）排除复制曲面上的曲面。在系统弹出的 *曲面：复制* 操作面板中单击"选项"按钮，在弹出的"选项"界面中选中 ⊙ 排除曲面并填充孔 单选按钮，在 排除轮廓 文本框中单击 单击此处添加项，在系统 ➡ 选择封闭的边环以排除曲面的轮廓。 的信息提示下，选择如图4-26放大图E所示的曲面，作为排除曲面。

（5）在 *曲面：复制* 操控板中单击 ✔ 按钮。

5）定义边界曲面4

（1）在"模型"命令选项卡 切口和曲面▼ 区域单击▼，在下拉菜单中选择 曲面 ▶，并单击选项下的 ⏚ 边界混合 命令按钮，此时弹出"边界混合"操控板。

（2）定义边界曲线。

① 选择第一方向曲线，按住 Ctrl 键，依次选取如图4-27所示的第一方向的两条边界曲线。

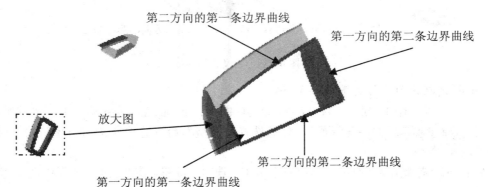

图4-27　定义边界曲线

② 选择第二方向曲线，在"边界混合"操控板中单击第二方向曲线操作栏，按住 Ctrl 键，依次选取如图 4-27 所示的第二方向的两条边界曲线。

(3) 在"边界混合"操控板中单击完成按钮 ✓ ，完成"边界曲面 4"的创建。

6) 将复制表面 3 与边界曲面 4 合并

(1) 按住 Ctrl 键，选取要合并的两个曲面（ 复制 3 [SLIDE_PS - 分型面] 与 边界混合 4 [SLIDE_PS - 分型面] ），然后选择"模型"命令选项卡 修饰符 ▾ 命令下拉菜单中的 合并 命令。

(2) 在系统弹出的"合并"操控板中单击"选项"按钮，在"选项"界面中选中 ◉ 相交 单选按钮。

(3) 单击 ↗ ↘ 按钮，切换合并的方向；然后单击 �6d 按钮，预览合并后的面组，确认无误后，单击完成按钮 ✓ 。

7) 定义边界曲面 5

(1) 在"模型"命令选项卡 切口和曲面 ▾ 区域单击 ▾ ，在下拉菜单中选择 曲面 ▸ ，并单击选项下的 边界混合 命令按钮，此时弹出"边界混合"操控板。

(2) 定义边界曲线。

① 选择第一方向曲线按住 Ctrl 键，依次选取如图 4-28 所示的第一方向的两条边界曲线。

② 选择第二方向曲线，在"边界混合"操控板中单击第二方向曲线操作栏按住 Ctrl 键，依次选取如图 4-28 所示的第二方向的两条边界曲线。

(3) 在"边界混合"操控板中单击完成按钮 ✓ ，完成边界曲面 5 的创建。

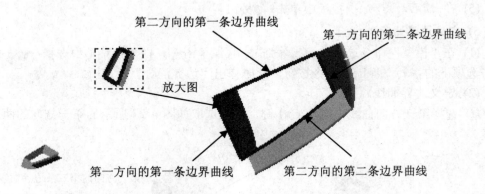

图 4-28　　定义边界曲线

8) 将复制曲面 4 与边界曲面 5 合并

(1) 按住 Ctrl 键，选取要合并的两个曲面（ 复制 4 [SLIDE_PS - 分型面] 与 边界混合 5 [SLIDE_PS - 分型面] ），然后选择"模型"命令选项卡 修饰符 ▾ 命令下拉菜单中的 合并 命令。

(2) 在系统弹出的"合并"操控板中单击"选项"按钮，在"选项"界面中选中 ◉ 相交 单选按钮。

(3) 单击 ⚎ 按钮，切换合并的方向。然后单击 👓 按钮，预览合并后的面组，确认无误后，单击完成按钮 ✔。

9) 创建基准面

(1) 创建基准平面 ADTM1。

① 单击"模具"命令选项卡 基准▾ 区域的平面按钮 ⧄。

② 系统弹出"基准平面"对话框，选取如图 4-29 所示的线参照，按住 Ctrl 键，加选点参照。

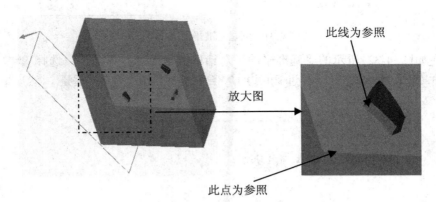

此线为参照

放大图

此点为参照

图 4-29　创建基准平面 ADTM1

③ 在如图 4-30 所示的"基准平面"对话框的"放置"界面中，选择 参考 列表中的 边:F14(复制_2) 垂直 和 顶点:边:F1(拉伸_1):BEETLE... 穿过 ，然后单击 确定 按钮。

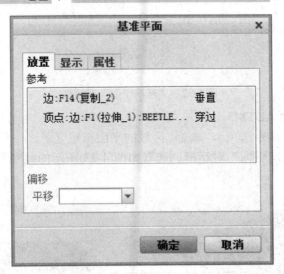

图 4-30　"基准平面"对话框

(2) 创建基准平面 ADTM2。

① 单击"模具"命令选项卡 基准▾ 区域的平面按钮 ⧄。

② 系统弹出"基准平面"对话框，选取如图 4-31 所示的线参照，按住 Ctrl 键，加选点参照。

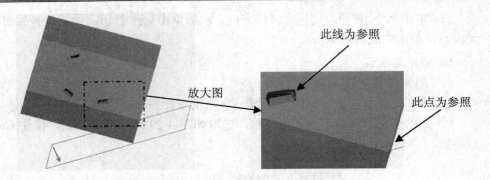

图 4-31　创建基准平面 ADTM2

③ 在如图 4-32 所示的"基准平面"对话框的"放置"界面中，选择 参考 列表中的 顶点:边:F1(拉伸_1):BEETLE... 穿过 和 边:F20(合并_5)　　　　垂直 ，然后单击 确定 按钮。

图 4-32　"基准平面"对话框

(3) 创建基准平面 ADTM3。

① 单击"模具"命令选项卡 基准 ▾ 区域的平面按钮 ▱ 。

② 系统弹出"基准平面"对话框，选取如图 4-33 所示的线参照，按住 Ctrl 键，加选面参照。

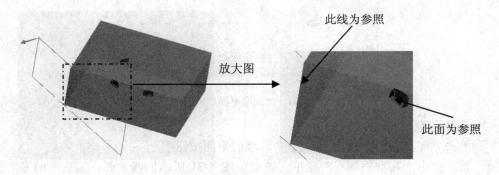

图 4-33　创建基准平面 ADTM3

③ 在如图 4-34 所示的"基准平面"对话框的"放置"界面中，选择 参考 列表中的 曲面:F15(复制_3) 垂直 和 边:F1(拉伸_1):BEETLE_HSG_... 穿过，然后单击 确定 按钮。

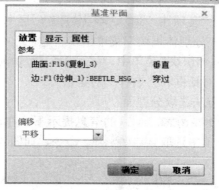

图 4-34　"基准平面"对话框

10) 将复制的表面延伸至坯料表面

(1) 选取复制的分型面的边线。

① 选取第一曲线延伸边。将鼠标指针移至模型中的目标位置，即如图 4-35 所示的曲线附近，单击鼠标左键选中曲面边界的一边，在按住 Shift 键，加选外缘边线。

② 单击 模型 命令选项卡的 修饰符 ▾ 按钮，在下拉菜单中单击 ↦ 延伸 按钮，出现延伸操控板。

(2) 选取延伸的终止面。

① 在延伸操控板中按下按钮 ⬚ (延伸类型为至平面)。

② 在系统 ➡ 选择曲面延伸所至的平面。 的信息提示下，选取如图 4-35 所示的 ADTM1 基准面为延伸的终止面。

③ 在延伸操控板中单击"确定"按钮。

(3) 用上述方法依次完成曲面的延伸，分别选取 ADTM2 和 ADTM3 为延伸终止面，最终结果如图 4-36 所示。

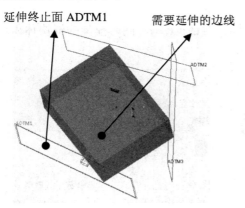

图 4-35　定义延伸边线和延伸终止面

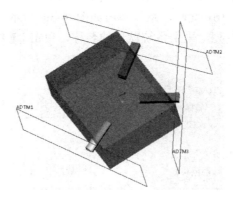

图 4-36　完成延伸后的分型面

11) 完成斜滑块分型面创建

单击"分型面"操控板中的"确定"按钮 ✔，完成斜滑块分型面的创建。

7. 构建模具元件的体积块

1) 用第一个斜滑块分型面创建滑块元件的体积块

(1) 选择"模具"命令选项卡 分型面和模具体积块 ▼ 区域中 模具体积块 下拉菜单中的 🖨 体积块分割 命令，进入"分割体积块"菜单。

(2) 在系统弹出的"分割体积块"菜单中，依次选择 两个体积块 → 所有工件 → 完成 命令。此时系统弹出"分割"对话框和"选择"对话框。

(3) 用"列表选取"的方法选取分型面。

① 在系统消息区 ➡为分割工件选择分型面。 的信息提示下，在模型中第一滑块分型面的位置单击鼠标右键，从快捷菜单中选取 从列表中拾取 命令，如图 4-37 所示。

图 4-37　第一滑块分型面选择

② 在弹出的"从列表中拾取"对话框中，选取列表中的 面组:F18(SLIDE_PS) 分型面，然后单击 确定(O) 按钮。

③ 在"选择"对话框中单击 确定 按钮。

(4) 在"分割"对话框中单击 确定 按钮。

(5) 此时，系统弹出如图 4-38 所示的"属性"对话框(一)，同时模型中的非滑块体积块部分变亮，采用系统默认的名称，单击 确定 按钮。

(6) 此时，系统弹出如图 4-39 所示的"属性"对话框(二)，同时模型的滑块体积块部分变亮，采用系统默认的名称，单击 确定 按钮。

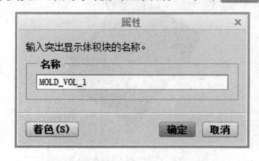

图 4-38　"属性"对话框(一)

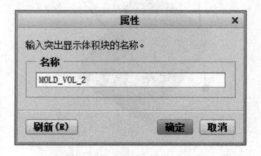

图 4-39　"属性"对话框(二)

2) 用第二个斜滑块分型面创建滑块元件的体积块

(1) 选择"模具"命令选项卡 分型面和模具体积块 ▼ 区域中 模具体积块 下拉菜单中的

　体积块分割 命令，进入"分割体积块"菜单。

(2) 在系统弹出的"分割体积块"菜单中，依次选择 两个体积块 → 模具体积块 → 完成 命令。此时系统弹出如图 4-40 所示的"搜索工具"对话框，单击列表中的 面组:F32(MOLD_VOL_1) 体积块，然后单击 >> 按钮，将其加入到 已选择 1 个项:(预期 1 个) 项目列表中，再单击 关闭 按钮，系统弹出"选择"对话框。

图 4-40　"搜素工具"对话框

(3) 用"列表选取"的方法选取分型面。

① 在系统消息区 ➡为分割工件选择分型面。 的信息提示下，在模型中第二滑块分型面的位置单击鼠标右键，从快捷菜单中选取 从列表中拾取 命令，如图 4-41 所示。

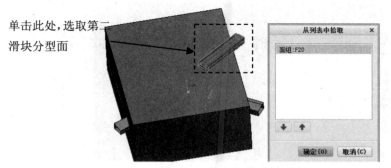

单击此处，选取第二
滑块分型面

图 4-41　第二滑块分型面选择

② 在弹出的"从列表中拾取"对话框中，选取列表中的 面组:F20 分型面，然后单击 确定(0) 按钮。

③ 在"选择"对话框中单击 确定 按钮。

(4) 在"分割"对话框中单击 **确定** 按钮。

(5) 此时，系统弹出如图 4-42 所示的"属性"对话框(一)，采用系统默认的名称，单击 **确定** 按钮。

(6) 此时，系统弹出如图 4-43 所示的"属性"对话框(二)，采用系统默认的名称，单击 **确定** 按钮。

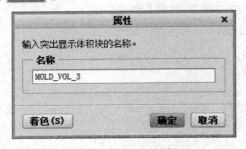

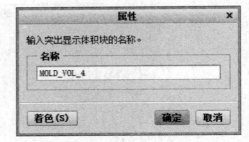

图 4-42 "属性"对话框(一)   图 4-43 "属性"对话框(二)

3) 用第三个斜滑块分型面创建滑块元件的体积块

(1) 选择"模具"命令选项卡 **分型面和模具体积块▾** 区域中 **模具体积块▾** 下拉菜单中的 **⊟ 体积块分割** 命令，进入"分割体积块"菜单。

(2) 在系统弹出的"分割体积块"菜单中，依次选择 **两个体积块 → 模具体积块 → 完成** 命令。此时系统弹出如图 4-44 所示的"搜索工具"对话框，单击列表中的 **面组:F34(MOLD_VOL_3)** 体积块，然后单击 **> >** 按钮，将其加入到 **已选择 1 个项:(预期 1 个)** 项目列表中，再单击 **关闭** 按钮，系统弹出"选择"对话框。

图 4-44 "搜索工具"对话框

(3) 用"列表选取"的方法选取分型面。

① 在系统消息区 ⇨为分割工件选择分型面. 的信息提示下，在模型中第三滑块分型面的位置单击鼠标右键，从快捷菜单中选取 从列表中拾取 命令，如图 4-45 所示。

单击此处，选取第三
滑块分型面

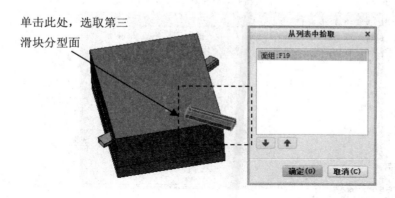

图 4-45 第三滑块分型面选择

② 在弹出的"从列表中拾取"对话框中，选取列表中的 面组:F19 分型面，然后单击 确定(0) 按钮。

③ 在"选择"对话框中单击 确定 按钮。

(4) 在"分割"对话框中单击 确定 按钮。

(5) 此时，系统弹出如图 4-46 所示的"属性"对话框(一)，采用系统默认的名称，单击 确定 按钮。

(6) 此时，系统弹出如图 4-47 所示的"属性"对话框(二)，采用系统默认的名称，单击 确定 按钮。

图 4-46 "属性"对话框(一)

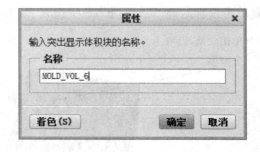

图 4-47 "属性"对话框(二)

4) 用主分型面创建元件体积块

(1) 选择"模具"命令选项卡 分型面和模具体积块▼ 区域中 模具体积块▼ 下拉菜单中的 体积块分割 命令，进入"分割体积块"菜单。

(2) 在系统弹出的"分割体积块"菜单中，依次选择 两个体积块 → 模具体积块 → 完成 命令。此时系统弹出如图 4-48 所示的"搜索工具"对话框，单击列表中的 面组:F36(MOLD_VOL_5) 体积块，然后单击 >> 按钮，将其加入到 已选择 1 个项:(预期 1 个) 项目列表中，再单击 关闭 按钮，系统弹出"选择"对话框。

图 4-48　"搜索工具"对话框

(3) 用"列表选取"的方法选取分型面。

① 在系统消息区 ⇨为分割工件选择分型面。 的信息提示下，在模型中第二滑块分型面的位置单击鼠标右键，从快捷菜单中选取 从列表中拾取 命令，如图 4-49 所示。

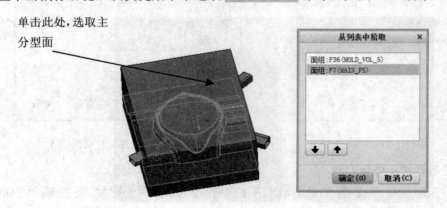

图 4-49　模具元件主分型面选择

② 在弹出的"从列表中拾取"对话框中选取列表中的 面组:F7(MAIN_PS) 分型面，然后单击 确定(0) 按钮。

③ 在"选择"对话框中单击 确定 按钮。

(4) 在"分割"对话框中单击 确定 按钮。

(5) 此时，系统弹出如图 4-50 所示的"属性"对话框(一)，采用系统默认的名称，单击 确定 按钮。

(6) 此时，系统弹出如图 4-51 所示的"属性"对话框(二)，采用系统默认的名称，单击 确定 按钮。

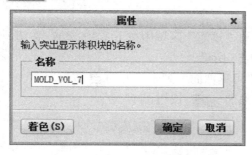
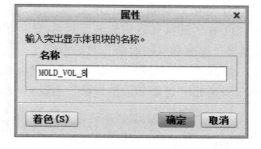

图 4-50　"属性"对话框(一)　　　　　图 4-51　"属性"对话框(二)

8. 抽取模具元件

选择"模具"命令选项卡 元件▼ 区域 模具元件 下拉菜单中的 型腔镶块 命令，在系统弹出的"创建模具元件"对话框中单击"选择所有体积块"命令按钮 ，选择所有体积块，然后单击 确定 按钮，如图 4-52 所示。

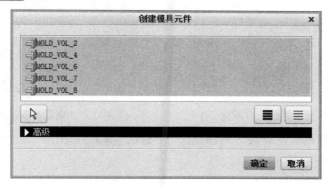

图 4-52　"创建模具元件"对话框

9. 生成浇注件

(1) 选择"模具"命令选项卡 元件▼ 区域中的 创建铸模 命令。

(2) 在如图 4-53 所示的系统提示文本框中输入浇注件零件名称"beetle_hsg_up_molding"，并单击两次 ✓ 按钮。

图 4-53　系统提示文本框

10. 隐藏分型面、坯料和模具元件

(1) 选择"视图"命令选项卡 可见性 区域中的 模具显示 按钮，此时系统弹出如图

4-54 所示的"遮蔽和取消遮蔽"对话框(一)。

(2) 遮蔽坯料和模具元件。

① 在"遮蔽和取消遮蔽"对话框(一)左边的"可见元件"列表中，按住 **Ctrl** 键，选择参考零件和坯料，如图 4-54 所示。

② 单击"遮蔽和取消遮蔽"对话框(一)下部的 遮蔽 按钮。

(3) 遮蔽分型面。

① 在"遮蔽和取消遮蔽"对话框(一)右边的"过滤"区域中按下 分型面 按钮，此时弹出"遮蔽和取消遮蔽"对话框(二)，如图 4-55 所示。

② 单击"遮蔽和取消遮蔽"对话框(二) "可见曲面"列表下方的 按钮。

③ 单击"遮蔽和取消遮蔽"对话框(二)下部的 遮蔽 按钮。

图 4-54 "遮蔽和取消遮蔽"对话框(一)

图 4-55 "遮蔽和取消遮蔽"对话框(二)

(4) 单击"遮蔽和取消遮蔽"对话框(二)下部的 确定 按钮。

11. 定义开模方向

1) 移动滑块 1

(1) 选择"模具"命令选项卡 分析▾ 区域的"模具开模"命令按钮 。

(2) 在系统弹出的"菜单管理器"菜单中选择 定义步骤 命令，在系统弹出的 ▾ 定义步骤 下拉菜单中选择 定义移动 命令。

(3) 用"列表选取"的方法选取要移动的模具元件。在系统消息区 ⇨为迁移号码1 选择构件. 的信息提示下，先将鼠标指针移至如图 4-56 所示模型中的位置 A，然后在"选取"对话框中单击 确定 按钮。

(4) 在系统消息区 ⇨通过选择边、轴或面选择分解方向. 的信息提示下，选取如图 4-56 所示的边线为移动方向，然后在系统 输入沿指定方向的位移 的信息提示下，输入要移动的距离"50"，并按回车键。

(5) 在"定义步骤"菜单中选择"完成"命令，完成滑块 1 的移动，如图 4-57 所示。

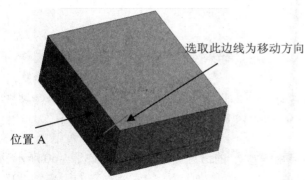

图 4-56 选取移动方向图

图 4-57 移动滑块 1

2) 移动滑块 2

(1) 参照滑块 1 开模步骤(1)~(4)的操作方法,选取滑块 2,然后选取如图 4-58 所示的边线为移动方向,接着输入要移动的距离"50"。

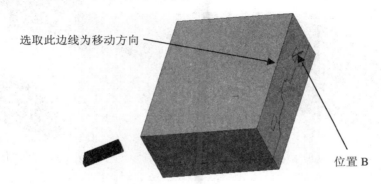

图 4-58 选取滑块 2 移动方向图

(2) 在"定义步骤"菜单中选择"完成"命令,完成滑块 2 的移动。

3) 移动滑块 3

(1) 参照滑块 1 开模步骤(1)~(4)的操作方法,选取滑块 3,然后选取如图 4-59 所示的边线为移动方向,接着输入要移动的距离"50"。

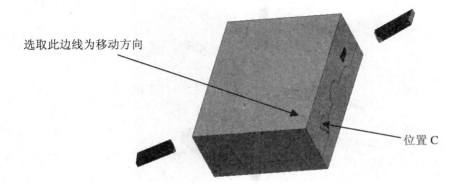

图 4-59 选取滑块 3 移动方向图

(2) 在"定义步骤"菜单中选择"完成"命令，完成滑块 3 的移动。

4) 移动下模

(1) 在系统弹出的"菜单管理器"菜单中选择 定义步骤 命令，在系统弹出的 ▼ 定义步骤 下拉菜单中选择 定义移动 命令。

(2) 用"列表选取"的方法选取要移动的模具元件。在系统消息区 ⇨为迁移号码1 选择构件。 的信息提示下，先将鼠标指针移至如图 4-60 所示模型中的位置 D，然后在"选取"对话框中单击 确定 按钮。

(3) 在系统消息区 ⇨通过选择边、轴或面选择分解方向。 的信息提示下，选取如图 4-60 所示的边线为移动方向，然后在系统 输入沿指定方向的位移 的信息提示下，输入要移动的距离"–80"，并按回车键。

(4) 在"定义步骤"菜单中选择"完成"命令，完成下模的移动，如图 4-61 所示。

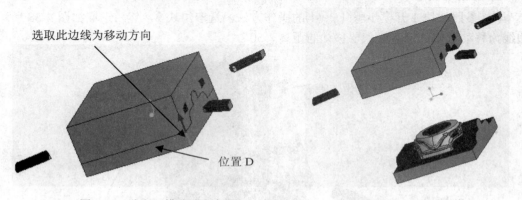

图 4-60　选取下模移动方向　　　　　　　　　图 4-61　移动下模

5) 移动浇注件

(1) 在系统弹出的"菜单管理器"菜单中选择 定义步骤 命令，在系统弹出的 ▼ 定义步骤 下拉菜单中选择 定义移动 命令。

(2) 用"列表选取"的方法选取要移动的模具元件。在系统消息区 ⇨为迁移号码1 选择构件。 的信息提示下，先将鼠标指针移至如图 4-62 所示模型中的位置 E，然后在"选取"对话框中单击 确定 按钮。

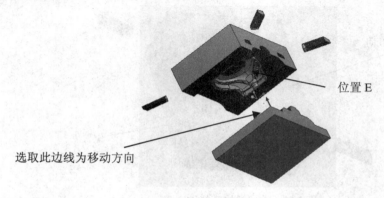

图 4-62　选取浇注件移动方向

(3) 在系统消息区 `⇨通过选择边、轴或面选择分解方向。` 的信息提示下，选取如图 4-62 所示的边线为移动方向，然后在系统 `输入沿指定方向的位移` 的信息提示下，输入要移动的距离"–40"，并按回车键。

(4) 在"定义步骤"菜单中选择"完成"命令，完成浇注件的移动。

6) 完成开模

在"模具开模"菜单中选择"完成/返回"命令，完成开模后的模具模型如图 4-63 所示。

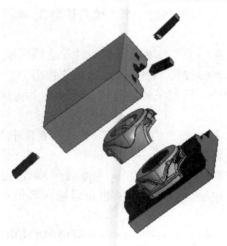

图 4-63　完成开模后的模具模型

4.2　斜　销　设　计

图 4-64 所示为一个手表盖的模具，该手表盖包含四个卡勾，要使手表盖能顺利脱模，必须有销的帮助才能完成，下面将介绍这套模具的设计过程。

图 4-64　含斜销的模具设计

1. 新建模具制造模型，进入模具模块

(1) 选取"文件"下拉菜单中的"新建"命令(或在快速访问工具栏中单击新建文件按钮 `□`)。

(2) 在"新建"对话框中，选择 类型 区域中的 ⊙ ⛏ 制造 按钮，选中 子类型 区域中的 ⊙模具型腔 按钮，在 名称 文本框中输入文件名"beetle_hsg_btm_mold"，取消 ☑ 使用缺省模板 复选框中的对号，单击该对话框中的 确定 按钮。

(3) 在系统弹出的"新文件选项"对话框中的模板区域，选取 mmns_mfg_mold 模板，然后在该对话框中单击 确定 按钮。

2. 建立模具模型

在开始设计一个模具前，应先创建一个"模具模型"，模具模型包括参照模型和坯料，如图 4-65 所示。

(1) 单击"模具"命令选项卡"参考模型和工件"选项区域的 ☁ 按钮，并在系统弹出的下拉列表中单击 🗐 组装参考模型 命令，此时系统弹出"打开"对话框。

(2) 在"打开"对话框中，选取三维零件模型 beetle_hsg_btm.prt 作为参考零件模型，然后单击"打开"按钮。

(3) 在"元件放置"操控板的"约束类型"下拉列表框中选择"默认"约束，再在该操控板中单击完成按钮 ✔。

(4) 在"创建参考模型"对话框中选中 ⊙ 按参考合并 单选按钮，然后在 参考模型 名称文本框中接受系统给出的默认的参考模型名称(也可以输入其他字符作为参考模型名称)，再单击 确定 按钮。

(5) 参照件组装完成后，模具的基准平面与参照模型的基准平面对齐，如图 4-66 所示。

图 4-65　参照模型和坯料

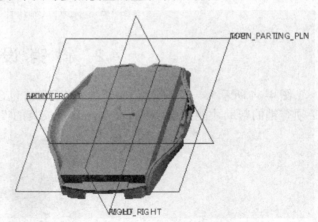

图 4-66　参照件组装完成后

3. 创建坯料

1) 创建坯料特征

(1) 单击"模具"命令选项卡 参考模型和工件 中 工件 按钮的下拉箭头。

(2) 在弹出的下拉列表中选择 ▱ 创建工件 命令。

(3) 在系统弹出的"创建元件"对话框中，选中 类型 区域中的 ⊙零件 单选按钮，选中 子类型 区域的 ⊙实体 单选按钮，在 名称 文本框中输入坯料的名称"beetle_hsg_btm_wp"，然后单击 确定 按钮。

(4) 在系统弹出的"创建选项"对话框中选中 ⊙创建特征 单选按钮，然后单击 确定 按钮。

2) 创建实体拉伸特征

(1) 选择命令。在弹出的"模具"命令选项卡中选择 形状▾ → 拉伸 命令，此时系统出现实体拉伸操控板。

(2) 定义草绘截面放置属性。首先在实体拉伸操控板中确认"实体"类型按钮 □ 被按下。然后在绘图区中单击鼠标右键，在出现的草绘快捷菜单中选择 定义内部草绘... 命令；系统弹出 "草绘"对话框，选择 MOLD_FRONT 基准面作为草绘平面，接受系统默认的 MOLD_RIGHT 基准面作为草绘平面的参考平面，方向为右，然后单击 草绘 按钮，进入截面草绘环境。

(3) 绘制特征截面。进入截面草绘环境后，选取 ▱ MOLD_RIGHT 基准面和 ▱ MAIN_PARTING_PLN 基准面作为草绘参考，绘制如图 4-67 所示的特征截面草图，完成绘制后，单击工具栏中的 ✔ 按钮。

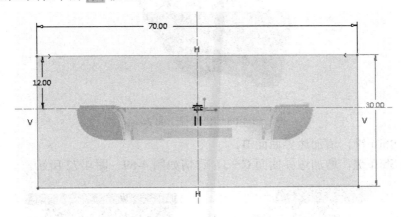

图 4-67 特征截面草图

(4) 选取深度类型并输入深度值。在拉伸操控板中，选取深度类型 ╌🕀╌▾(即"对称")，再在深度文本框中输入深度值"85"，并按回车键。

(5) 预览特征。在拉伸操控板中单击 👓 按钮，可预览所创建的拉伸特征。

(6) 完成特征。在拉伸操控板中单击 ✔ 按钮，完成特征的创建。

4．设置收缩率

(1) 单击"模具"命令选项卡 生产特征▾ 选项按钮的下拉箭头，在系统弹出的下拉菜单中单击 🖳 按比例收缩 ▸，然后选择 🖳 按尺寸收缩 命令。

(2) 在系统弹出的"按尺寸收缩"对话框中，确认 **公式** 区域的 1+S 按钮被按下；在 **收缩选项** 区域选中 ☑ 更改设计零件尺寸 复选框；在"收缩率"区域的"比率"栏中，输入收缩率"0.006"，并按回车键，然后单击对话框中的 ✔ 按钮。

5．创建模具分型曲面

1) 遮蔽坯料

(1) 单击"模具"命令选项卡 分型面和模具体积块▾ 区域的"分型面"按钮 ⬜️，系统弹出"分型面"命令选项卡。

(2) 在"分型面"命令选项卡 **控制** 区域单击"属性"按钮 ⬚️，在系统弹出的"属性"

对话框中，输入分型面名称"main_ps"，单击 **确定** 按钮。

（3）为了方便选取图元，将坯料遮蔽。在模型树中右击 ▶ 🗁 BEETLE_TWISTBAND_WP.PRT ，从弹出的快捷菜单中选择"遮蔽"命令。

2）通过"曲面复制"的方法复制模型上的表面。

（1）为方便选取，在屏幕右下方的"智能选取栏"中选择"几何"选项。

① 选取种子面。将模型调整到如图 4-68 所示的视图方位，将鼠标指针移到模型中的目标位置，选取模型上表面 A 面为种子面。

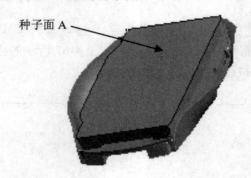

图 4-68　选取种子面 A

② 按住 Shift 键，增加边界曲面 B。

③ 按住 Shift 键，增加边界曲面 C～J，详情如图 4-69～图 4-72 所示。

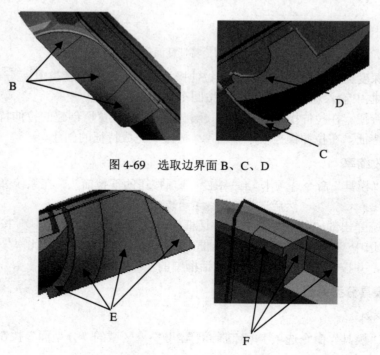

图 4-69　选取边界面 B、C、D

图 4-70　选取边界面 E、F

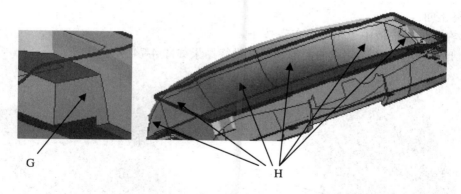

图 4-71 选取边界面 G、H

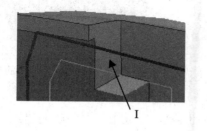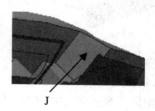

图 4-72 选取边界面 I、J

④ 松开 Shift 键，完成"边界面"的选取。

注意：如果边界面是由多个曲面组成的，则在选取"边界面"的过程中，要保证 Shift 键始终被按下，直至所有的曲面均选取完毕，否则不能达到预期的效果。

(2) 单击"模具"命令选项卡 操作▾ 区域中的 🖹复制 按钮，然后单击 📋粘贴▾ 按钮，此时系统弹出 **曲面：复制** 操控板。

(3) 在 **曲面：复制** 操控板中单击完成按钮 ✔。

3) 将坯料重新显示在画面上和遮蔽模具元件

(1) 鼠标右键单击模型树中的 ⊖BEETLE_HSG_BTM_WP.PRT，在系统弹出的快捷菜单中选择 取消遮蔽 命令。

(2) 鼠标右键单击模型树中的 ▶⬟BEETLE_HSG_BTM_MOLD_REF.PRT，在系统弹出的快捷菜单中选择 遮蔽 命令。

4) 延伸曲面

(1) 选取复制的分型面的边线。

① 选取第一曲线延伸边。将鼠标指针移至模型中的目标位置，即如图 4-73 所示的曲线附近，单击鼠标左键选中曲面边界的一边，再按住 Shift 键加选外缘边线，如图 4-73 所示。

② 单击 **模型** 命令选项卡的 修饰符▾ 按钮，在下拉菜单中单击 ➡延伸 按钮，出现延伸操控板。

(2) 选取延伸的终止面。

① 在延伸操控板中按下按钮 ⛶ (延伸类型为至平面)。

② 在系统 ➡选择曲面延伸所至的平面。 的信息提示下，选取如图 4-73 所示的坯料表面为

延伸的终止面。

③ 在延伸操控板中单击"确定"按钮。

(3) 用上述方法依次完成曲面的延伸,最终结果如图 4-74 所示。

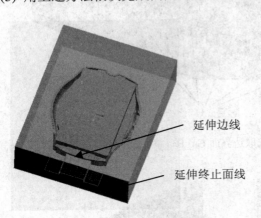

延伸边线

延伸终止面线

图 4-73 定义延伸边线和延伸终止面

图 4-74 完成延伸后的分型面

5) 完成主分型面创建

单击"分型面"操控板中的"确定"按钮 ✔ ,完成主分型面的创建。

6. 定义销分型曲面

1) 将模具元件重新显示在画面上和遮蔽主分型面

(1) 选择"视图"命令选项卡 可见性 区域中的 ☷ 模具显示 按钮,此时系统弹出如图 4-75 所示的"遮蔽和取消遮蔽"对话框(一)。

图 4-75 "遮蔽和取消遮蔽"对话框(一)

(2) 显示模具元件。

① 单击"遮蔽和取消遮蔽"对话框(一)中的 取消遮蔽 按钮,在 遮蔽的元件 列表中选择参考零件 ◇ BEETLE_HSG_BTM_MOLD_REF 。

② 单击"遮蔽和取消遮蔽"对话框(一)下部的 取消遮蔽 按钮。

(3) 遮蔽分型面。

① 在"遮蔽和取消遮蔽"对话框(一)右边的"过滤"区域中按下 分型面 按钮，此时弹出"遮蔽和取消遮蔽"对话框(二)，如图 4-76 所示。

图 4-76　"遮蔽和取消遮蔽"对话框(二)

② 单击"遮蔽和取消遮蔽"对话框(二)"可见曲面"列表下方的 按钮。

③ 单击"遮蔽和取消遮蔽"对话框(二)下部的 遮蔽 按钮。

(4) 单击"遮蔽和取消遮蔽"对话框(二)下部的 确定 按钮。

(5) 单击"模具"命令选项卡 分型面和模具体积块 区域中的"分型面"按钮 ，此时系统弹出"分型面"命令选项卡。

(6) 在"分型面"命令选项卡 控制 区域单击"属性"按钮 ，在系统弹出的"属性"对话框中，输入分型面名称"pin_ps1"，单击 确定 按钮。

2) 定义销 1 分型面

用拉伸方法建立如图 4-77 所示的销分型面。

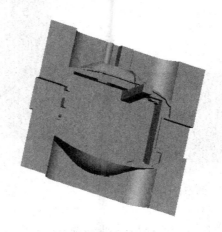

图 4-77　销分型面示意图

(1) 选择命令。单击"分型面"命令选项卡 形状▾ 区域中的"拉伸"按钮 ，此时系统弹出"拉伸"命令操控板。

(2) 定义草绘截面放置属性。在图形区单击鼠标右键，从弹出的菜单中选择 定义内部草绘... 命令，在系统 ⇨选择一个平面或曲面以定义草绘平面。 的信息提示下，采用"右击换截面"的方法，选择如图 4-78 所示的平面为草绘平面，接受图 4-78 中默认的箭头方向为草绘方向，单击 草绘 按钮进入草绘视图界面。

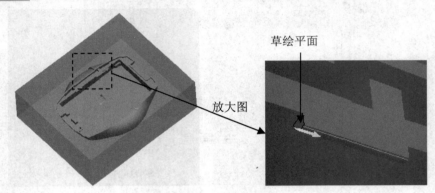

图 4-78 选取草绘平面

(3) 绘制截面草图。进入草绘视图界面后，选取如图 4-79 所示的边线为草绘参照，截面草图如图 4-80 所示。完成截面的绘制后，单击工具栏中的确定按钮 ✔。

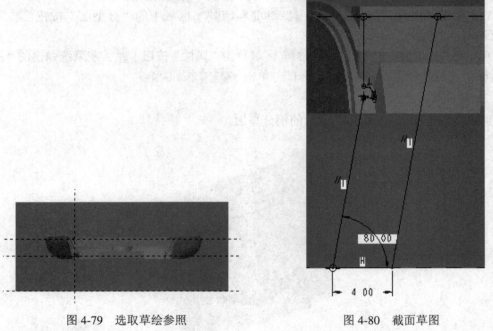

图 4-79 选取草绘参照   图 4-80 截面草图

(4) 设置拉伸属性。

① 在"拉伸"操控板中选取深度类型 ⊥(到选定的)。

② 将模型调整到如图 4-81 所示的视图方位，采用"右击换截面"的方法，选取如图

4-81 所示的平面为拉伸终止面。

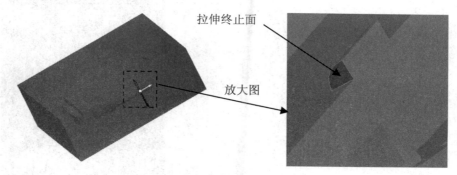

图 4-81　选择拉伸终止面

③ 在"拉伸"操控板中单击 选项 按钮，在 选项 界面中选中 ☑封闭端 复选项。

(5) 在"拉伸"操控板中单击完成按钮 ✔️，完成特征创建，如图 4-82 所示。

图 4-82　销 1 分型面

3) 定义销 2 分型面

(1) 选择命令。单击"分型面"命令选项卡 形状▼ 区域的"拉伸"按钮 ⬛️，此时系统弹出"拉伸"命令操控板。

(2) 定义草绘截面放置属性。在图形区单击鼠标右键，从弹出的菜单中选择 定义内部草绘… 命令，在系统 ➡️选择—个平面或曲面以定义草绘平面。 的信息提示下，采用"右击换截面"的方法，选择如图 4-83 所示的平面为草绘平面，接受图 4-83 中默认的箭头方向为草绘方向，单击 草绘 按钮进入草绘视图界面。

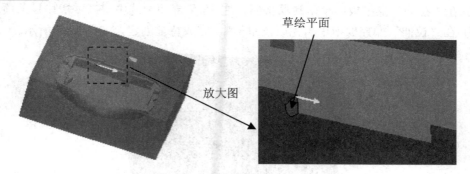

图 4-83　选取草绘平面

(3) 绘制截面草图。进入草绘视图界面后，选取如图 4-84 所示的边线为草绘参照，截面草图如图 4-85 所示。完成截面的绘制后，单击工具栏中的确定按钮 ✔️。

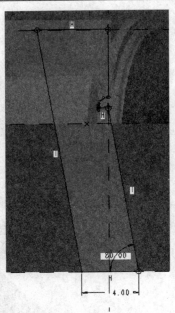

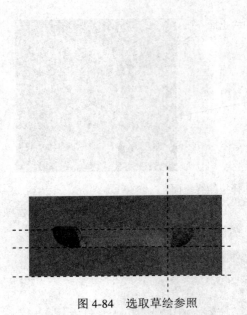

图 4-84　选取草绘参照　　　　　　　图 4-85　截面草图

(4) 设置拉伸属性

① 在"拉伸"操控板中选取深度类型 ⊥(到选定的)。

② 将模型调整到如图 4-86 所示的视图方位，采用"右击换截面"的方法，选取如图 4-86 所示的平面为拉伸终止面。

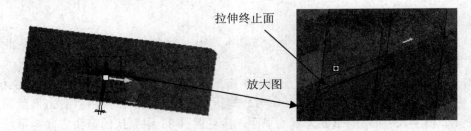

图 4-86　选择拉伸终止面

③ 在"拉伸"操控板中单击 **选项** 按钮，在 **选项** 界面中选中 ☑ 封闭端 复选项。

(5) 在"拉伸"操控板中单击完成按钮 ✔，完成特征创建，如图 4-87 所示。

图 4-87　销 2 分型面

4) 定义其他销分型面

另外两个销分型面创建的方法与销 1 及销 2 相同，销分型面完成图如图 4-88 所示。

图 4-88　销分型面完成图

7. 构建模具元件的体积块

1) 用主分型面创建元件的体积块

(1) 选择"模具"命令选项卡 分型面和模具体积块▾ 区域 模具体积块 下拉菜单中的 体积块分割 命令，进入"分割体积块"菜单。

(2) 在系统弹出的"分割体积块"菜单中，依次选择 两个体积块 → 所有工件 → 完成 命令，此时系统弹出"分割"对话框和"选择"对话框。

(3) 用"列表选取"的方法选取分型面。

① 在系统消息区 为分割工件选择分型面. 的信息提示下，在模型中主分型面的位置单击鼠标右键，从快捷菜单中选取 从列表中拾取 命令。

② 在弹出的"从列表中拾取"对话框中选取列表中的 面组:F7(MAIN_PS) 分型面，然后单击 确定(O) 按钮。

③ 在"选择"对话框中单击 确定 按钮，系统弹出如图 4-89 所示的"岛列表"菜单管理器。选择 ☑岛1 复选项后，单击 完成选择 命令。

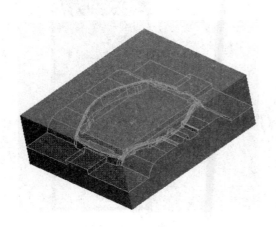

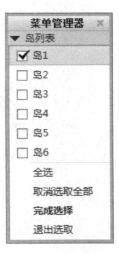

图 4-89　主分型面选择及"岛列表"菜单管理器

(4) 在"分割"对话框中单击 确定 按钮。

(5) 此时，系统弹出如图 4-90 所示的"属性"对话框(一)，同时模型中的下半部分变亮，采用系统默认的名称，单击 确定 按钮。

(6) 此时，系统弹出如图 4-91 所示的"属性"对话框(二)，同时模型的上半部分变亮，采用系统默认的名称，单击 确定 按钮。

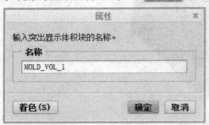

图 4-90　"属性"对话框(一)　　　　图 4-91　"属性"对话框(二)

2) 创建销的体积块

(1) 选择"模具"命令选项卡 分型面和模具体积块 区域 模具体积块 下拉菜单中的 体积块分割 命令，进入"分割体积块"菜单。

(2) 在系统弹出的"分割体积块"菜单中，依次选择 两个体积块 → 模具体积块 → 完成 命令，此时系统弹出"分割"对话框和"选择"对话框。

(3) 在系统弹出的"搜索工具"对话框中单击列表中的 面组:F17(MOLD_VOL_1) 体积块，然后单击 >> 按钮，将其加入 已选择 0 个项:(预期 1 个) 列表中，再单击 关闭 按钮。此时系统弹出"分割"对话框和"选择"对话框。

(4) 用"右击换截面"的方法选取销分型面。

① 在系统消息区 ⇨为分割选定的模具体积块选择分型面。 的信息提示下，将鼠标移到模型中分型面的位置右击换面，依次选取四个销，如图 4-92 所示。

② 在"选择"对话框中单击 确定 按钮，弹出如图 4-92 所示的"岛列表"菜单管理器。选择 ☑岛6、☑岛7、☑岛8、☑岛9 复选项后，单击 完成选取 命令。

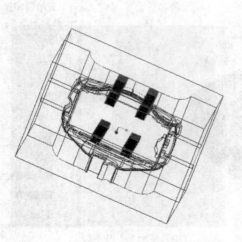

图 4-92　销分型面选择及"岛列表"菜单管理器

(5) 在"分割"对话框中单击 **确定** 按钮。

(6) 此时，系统弹出如图 4-93 所示的"属性"对话框(一)，同时模型中的销变亮，采用系统默认的名称，单击 **确定** 按钮。

(7) 此时，系统弹出如图 4-94 所示的"属性"对话框(二)，同时模型的上半部分变亮，采用系统默认的名称，单击 **确定** 按钮。

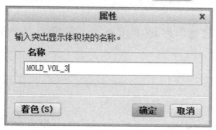
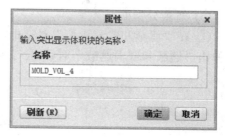

图 4-93 "属性"对话框(一)　　　　图 4-94 "属性"对话框(二)

8. 抽取模具元件

选择"模具"命令选项卡 元件▼ 区域 模具元件▼ 下拉菜单中的 型腔镶块 命令，在系统弹出的"创建模具元件"对话框中单击"选择所有体积块"命令按钮 ≡，选择所有体积块，然后单击 确定 按钮，如图 4-95 所示。

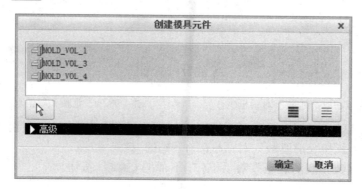

图 4-95 "创建模具元件"对话框

9. 生成浇注件

(1) 选择"模具"命令选项卡 元件▼ 区域中的 创建铸模 命令。

(2) 在如图 4-96 所示的系统提示文本框中输入浇注件零件名称"beetle_hsg_btm_molding"，并单击两次 ✔ 按钮。

图 4-96 系统提示文本框

10. 隐藏分型面、坯料和模具元件

(1) 选择"视图"命令选项卡 可见性 区域中的 模具显示 按钮，此时系统弹出如图

4-97 所示的"遮蔽和取消遮蔽"对话框(一)。

(2) 遮蔽坯料和模具元件。

① 在"遮蔽和取消遮蔽"对话框(一)左边的"可见元件"列表中，按住 Ctrl 键，选择参考零件和坯料。

② 单击"遮蔽和取消遮蔽"对话框(一)下部的 遮蔽 按钮。

(3) 遮蔽分型面。

① 在"遮蔽和取消遮蔽"对话框(一)右边的"过滤"区域中按下 分型面 按钮，此时弹出"遮蔽和取消遮蔽"对话框(二)如图 4-98 所示。

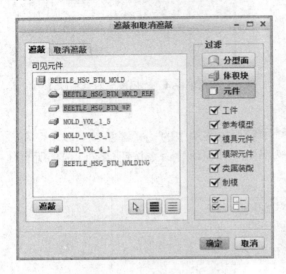　　

图 4-97　"遮蔽和取消遮蔽"对话框(一)　　　图 4-98　"遮蔽和取消遮蔽"对话框(二)

② 单击"遮蔽和取消遮蔽"对话框(二)"可见曲面"列表下方的 按钮。

③ 单击"遮蔽和取消遮蔽"对话框(二)下部的 遮蔽 按钮。

(4) 单击"遮蔽和取消遮蔽"对话框(二)下部的 确定 按钮。

11. 定义开模方向

1) 移动上模

(1) 选择"模具"命令选项卡 分析▼ 区域中的"模具开模"命令按钮 。

(2) 在系统弹出的"菜单管理器"菜单中选择 定义步骤 命令，在系统弹出的 ▼ 定义步骤 下拉菜单中选择 定义移动 命令。

(3) 用"列表选取"的方法选取要移动的模具元件。在系统消息区 为迁移号码1 选择构件。 的信息提示下，先将鼠标指针移至如图 4-99 所示模型中的位置 A；在"选取"对话框中，单击 确定 按钮。

(4) 在系统消息区 通过选择边、轴或面选择分解方向。 的信息提示下，选取如图 4-99 所示的边线为移动方向，然后在系统 输入沿指定方向的位移 的信息提示下，输入要移动的距离"30"，并按回车键。

(5) 在"定义步骤"菜单中选择"完成"命令，完成上模的移动，如图 4-100 所示。

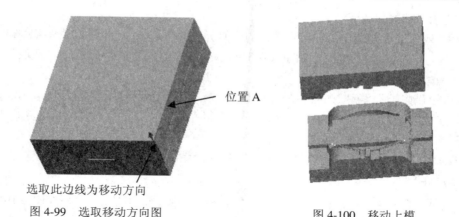

图 4-99　选取移动方向图

图 4-100　移动上模

2) 移动下模和销

(1) 移动下模。

① 选择"模具"命令选项卡 分析▾ 区域中的"模具开模"命令按钮 ☲ 。

② 在系统弹出的"菜单管理器"菜单中选择 定义步骤 命令，在系统弹出的 ▼ 定义步骤 下拉菜单中选择 定义移动 命令。

③ 用"列表选取"的方法选取要移动的模具元件。在系统消息区 ⇨ 为迁移号码1 选择构件。 的信息提示下，先将鼠标指针移至如图 4-101 所示模型中的位置 B；在"选取"对话框中，单击 确定 按钮。

④ 在系统消息区 ⇨ 通过选择边、轴或面选择分解方向。 的信息提示下，选取如图 4-101 所示的边线为移动方向，然后在系统 输入沿指定方向的位移 的信息提示下，输入要移动的距离"–60"，并按回车键。

⑤ 在"定义步骤"菜单中选择"完成"命令完成下模的移动，如图 4-102 所示。

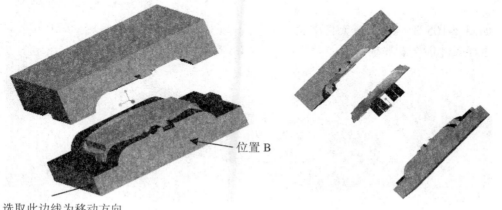

图 4-101　选取移动方向

图 4-102　移动下模

(2) 移动销。

① 选择"模具"命令选项卡 分析▾ 区域中的"模具开模"命令按钮 ☲ 。

② 在系统弹出的"菜单管理器"菜单中选择 定义步骤 命令，在系统弹出的 ▼ 定义步骤 下

拉菜单中选择 定义移动 命令。

③ 用"列表选取"的方法选取要移动的模具元件。在系统消息区 ➡为迁移号码1 选择构件。的信息提示下，先将鼠标指针移至如图 4-103 所示模型中的位置 C，然后在"选取"对话框中，单击 确定 按钮。

④ 在系统消息区 ➡通过选择边、轴或面选择分解方向。 的信息提示下，选取如图 4-103 所示的边线为移动方向，然后在系统 输入沿指定方向的位移 的信息提示下，输入要移动的距离"–30"，并按回车键。

⑤ 在"定义步骤"菜单中选择"完成"命令，完成销的移动。

3) 完成开模

在"模具开模"菜单中选择"完成/返回"命令，完成开模后的模具模型如图 4-104 所示。

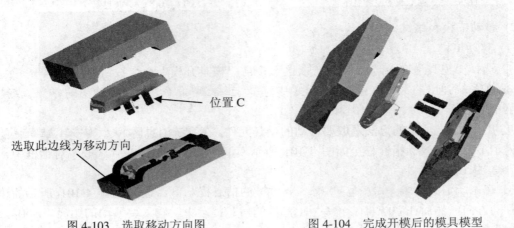

位置 C

选取此边线为移动方向

图 4-103　选取移动方向图　　　　图 4-104　完成开模后的模具模型

4.3　含复杂破孔的型腔设计

如图 4-105 所示的模具元件中有一个破孔，在模具设计时必须将这一破孔填补，这样上、下模具才能顺利脱模。下面介绍该模具的主要设计过程。

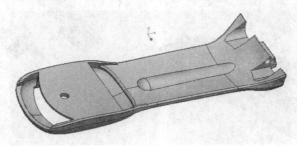

图 4-105　有破孔模具元件

1. 新建模具制造模型,进入模具模块

(1) 选取"文件"下拉菜单中的"新建"命令(或在快速访问工具栏中单击新建文件按钮 ）。

（2）在"新建"对话框中选择 类型 区域中的 ⊙⊥制造 按钮，选中 子类型 区域中的
⊙模具型腔 按钮，在 名称 文本框中输入文件名"beetle_twistband_left_mold"，取消
☑使用缺省模板 复选框中的对号，单击该对话框中的 确定 按钮。

（3）在系统弹出的"新文件选项"对话框中的模板区域选取 mmns_mfg_mold 模板，然
后在该对话框中单击 确定 按钮。

2．建立模具模型

在开始设计一个模具前，应先创建一个"模具模型"，模具模型包括参照模型和坯料，
如图 4-106 所示。

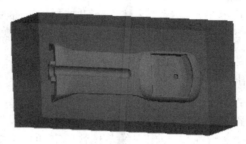

图 4-106　参照模型和坯料

（1）单击"模具"命令选项卡"参考模型和工件"选项区域的 按钮，并在系统弹
出的下拉列表中单击 组装参考模型 命令，此时系统弹出"打开"对话框。

（2）在"打开"对话框中选取三维零件模型 beetle_twistband_left.prt 作为参考零件模型，
然后单击"打开"按钮。

（3）在"元件放置"操控板的"约束类型"下拉列表框中选择"默认"约束，再在该
操控板中单击完成按钮 ✓。

（4）在"创建参考模型"对话框中，选中 ⊙ 按参考合并 单选按钮，然后在 参考模型 名称
文本框中接受系统默认的参考模型名称(也可以输入其他字符作为参考模型名称)，再单击
确定 按钮。

（5）参照件组装完成后，模具的基准平面与参照模型的基准平面对齐，如图 4-107 所示。

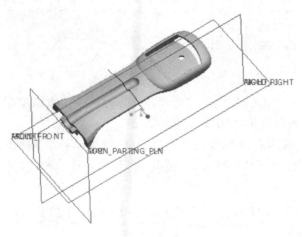

图 4-107　参照件组装完成后

3. 创建坯料

1) 创建坯料特征

(1) 单击"模具"命令选项卡 参考模型和工件 中 工件 按钮的下拉箭头。

(2) 在弹出的下拉列表中选择 创建工件 命令。

(3) 在系统弹出的"创建元件"对话框中，选中 类型 区域中的 ◉零件 单选按钮，选中 子类型 区域的 ◉实体 单选按钮，在 名称 文本框中输入坯料的名称"beetle_twistband_left_wp"，然后单击 确定 按钮。

(4) 在系统弹出的"创建选项"对话框中选中 ◉创建特征 单选按钮，然后单击 确定 按钮。

(5) 在"特征操作"菜单中，选择"实体"→"加材料"命令；在弹出的"实体选项"菜单中选择"拉伸"→"实体"→"完成"命令，此时系统出现实体拉伸操控板。

2) 创建实体拉伸特征

(1) 选择命令。在弹出的"模具"命令选项卡中，选择 形状▾ → 拉伸 命令，此时系统出现实体拉伸操控板。

(2) 定义草绘截面放置属性。首先在实体拉伸操控板中确认"实体"类型按钮 ▢ 被按下。然后在绘图区中单击鼠标右键，在出现的草绘快捷菜单中选择 定义内部草绘... 命令；系统弹出 "草绘"对话框，选择 MOLD_RIGHT 基准面作为草绘平面，接受系统默认的基准面作为草绘平面的参考平面，方向为右，然后单击 草绘 按钮，进入截面草绘环境。

(3) 绘制特征截面。进入截面草绘环境后，选取 ▱ MOLD_RIGHT 基准面和 ▱ MAIN_PARTING_PLN 基准面为草绘参考，绘制如图 4-108 所示的特征截面草图，完成绘制后，单击工具栏中的 ✔ 按钮。

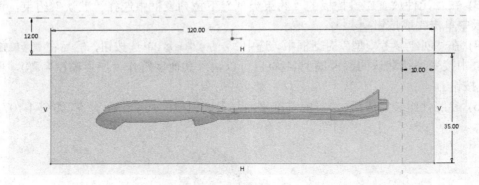

图 4-108　特征截面草图

(4) 选取深度类型并输入深度值。在实体拉伸操控板中选取深度类型 ⊟▾ (即"对称")，再在深度文本框中输入深度值"50"，并按回车键。

(5) 预览特征。在实体拉伸操控板中单击 ⊙⊙ 按钮，可预览所创建的拉伸特征。

(6) 完成特征。在实体拉伸操控板中单击 ✔ 按钮，完成特征的创建。

4. 设置收缩率

(1) 单击"模具"命令选项卡 生产特征▾ 选项按钮的下拉箭头，在系统弹出的下拉菜单中单击 按比例收缩 ▸，然后选择 按尺寸收缩 命令。

(2) 在系统弹出的"按尺寸收缩"对话框中确认 公式 区域的 1+S 按钮被按下；在

收缩选项 区域选中 ☑更改设计零件尺寸 复选框；在"收缩率"区域的"比率"栏中输入收缩率"0.006"，并按回车键，然后单击对话框中的 ✔ 按钮。

5．创建模具分型曲面

1) 定义分型面

以下操作是创建模具的分型面，其操作过程如下：

(1) 单击"模具"命令选项卡 分型面和模具体积块▼ 区域中的"分型面"按钮 ⬭，此时系统弹出"分型面"命令选项卡。

(2) 在"分型面"命令选项卡 控制 区域单击"属性"按钮 📄，在如图 4-109 所示的"属性"对话框中输入分型面名称"twistband_left_ps"，然后单击 确定 按钮。

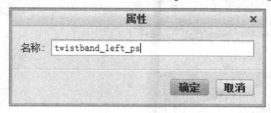

图 4-109　"属性"对话框

(3) 为了方便选取图元将坯料遮蔽。在模型树中右击 ▶ BEETLE_TWISTBAND_LEFT_WP.PRT，从弹出的快捷菜单中选择"遮蔽"命令。

2) 通过"曲面复制"的方法复制模型上的表面 1

(1) 采用"种子面与边界面"的方法选取所需要的曲面。用户分别选取种子面和边界面后，系统则会自动选取从种子面开始向四周延伸直到边界曲面的所有曲面(其中包括种子曲面，但不包括边界曲面)。在屏幕右下方的"智能选取栏"中选择"几何"选项。

(2) 选取"种子面"，操作方法如下：

① 将模型调整到如图 4-110 主图所示的视图方位，将鼠标指针移至模型中的目标位置，即图 4-110 中零件的上壁，单击鼠标左键，选中上壁中的任何一个表面，本例选中图中 A 平面。

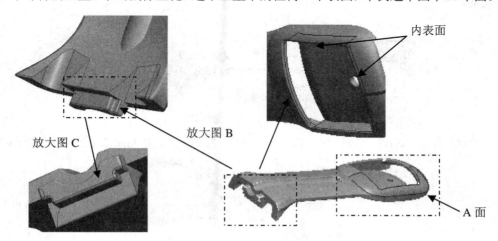

图 4-110　选取种子面 A 及边界面

② 此时图 4-110 中的零件上壁会加亮，该面就是所要选择的"种子面"。

(3) 选取"边界面"，操作方法如下：

① 按住 Shift 键，选取如图 4-110 中放大图 B、放大图 C 所示的曲面，此时图中所选的边界面会加亮。

② 松开 Shift 键，继续选取如图 4-111 所示的曲面，完成"边界面"的选取。操作完成后，整个模型均被加亮。

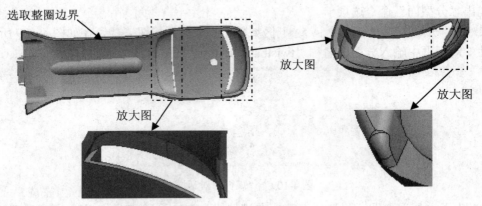

选取整圈边界

放大图

放大图

放大图

图 4-111　选取边界面

注意：如果边界面是由多个曲面组成的，则在选取"边界面"的过程中，要保证 Shift 键始终被按下，直至所有的曲面均选取完毕，否则不能达到预期的效果。

(4) 单击"模具"命令选项卡 操作 ▼ 区域中的 🗐复制 按钮，然后单击 🗐粘贴 ▼ 按钮，此时系统弹出 *曲面：复制* 操控板。

(5) 排除复制曲面上的曲面。在"曲面：复制"操控板中单击选项按钮，在弹出的"选项"界面中选中 ⦿ 排除曲面并填充孔 单选按钮，在 排除轮廓 文本框中单击 单击此处添加项，在系统 ➡选择封闭的边环以排除曲面的轮廓。 的信息提示下，选择如图 4-112 所示的曲面作为排除曲面。

放大图

此面为排除面

图 4-112　选择排除面

(6) 单击 *曲面：复制* 操控板中的"完成"按钮 ✓，复制完成后的曲面如图 4-113 所示。

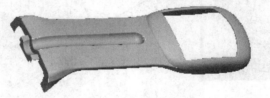

图 4-113　复制完成的分型面

3) 通过"曲面复制"的方法复制模型上的表面 2

(1) 将上步所复制的曲面 📖复制 1 [TWISTBAND_LEFT_PS - 分型面] 遮蔽。

(2) 选择如图 4-114 所示红色区域的曲面。

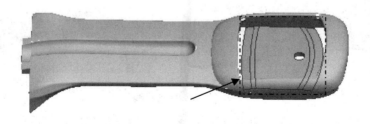

图 4-114　选择复制的面

(3) 单击"模具"命令选项卡 操作▾ 区域中的 复制 按钮，然后单击 粘贴▾ 按钮，此时系统弹出 **曲面：复制** 操控板。

(4) 在"曲面：复制"操控面板中单击"选项"下拉菜单，选择 ⊙ 排除曲面并填充孔，在 填充孔/曲面 选项中选取如图 4-115 所示的孔边作为填充破孔的边，然后单击"预览"按钮 🔁，确认无误后，单击 **曲面：复制** 操控板中的 ✔ 按钮。复制完成后的曲面如图 4-116 所示。

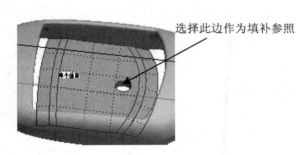

图 4-115　选择破孔边

图 4-116　复制后的曲面

4) 创建边界曲线 1

(1) 选择如图 4-117 所示指示的线为复制曲线。

(2) 单击"模具"命令选项卡 操作▾ 区域中的 复制 按钮，然后单击 粘贴▾ 按钮，此时系统弹出 **曲面：复制** 操控板。

(3) 在"曲面：复制"操控板中选择 ✔ 按钮。

图 4-117　复制曲线 1

5) 创建边界曲线 2

(1) 选择如图 4-118 所指示的线为复制曲线。

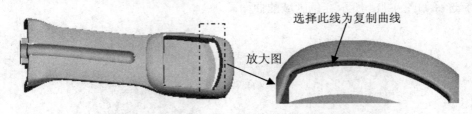

图 4-118　复制曲线 2

(2) 单击"模具"命令选项卡 操作▾ 区域中的 复制 按钮，然后单击 粘贴▾ 按钮，此时系统弹出 **曲面：复制** 操控板。

(3) 在"曲面：复制"操控板中选择 ✔ 按钮。

(4) 完成后的边界曲线如图 4-119 所示。

6) 创建基准平面

(1) 单击"模具"命令选项卡 基准▾ 区域的平面按钮▱。

(2) 选择平面▱ MOLD_FRONT，在基准平面对话框中修改平移值为 25，单击 确定 按钮，完成▱ ADTM1 的建立。

(3) 选择平面▱ MAIN_PARTING_PLN，在基准平面对话框中修改平移值为 62，单击 确定 按钮，完成▱ ADTM2 的建立。

(4) 选择平面▱ ADTM2，在基准平面对话框中修改平移值为 30，单击 确定 按钮，完成▱ ADTM3 的建立。

(5) 完成基准平面的建立，如图 4-120 所示。

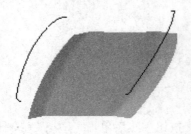

图 4-119　完成后的边界曲线

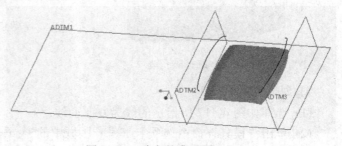

图 4-120　建立基准平面

7) 延伸曲面

(1) 如图 4-121 所示，选择曲面边线。

(2) 单击 **模型** 命令选项卡的 修饰符▾ 按钮，在下拉菜单中单击 延伸 按钮，出现"延伸"操控板。

(3) 在"延伸"操控板中单击按钮▱(延伸类型为至平面)。

(4) 在系统 ➯选择曲面延伸所至的平面 的信息提示下，选取如图 4-121 所示的 ADTM3 基准面为延伸的终止面。

(5) 在"延伸"操控板中单击"确定"按钮。完成后延伸的曲面如图 4-122 所示。

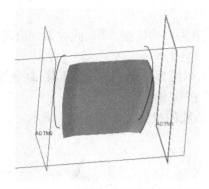
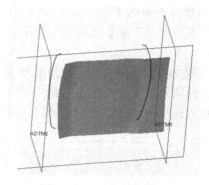

图 4-121　选取延伸曲线及终止面　　　　　　图 4-122　延伸后曲面

8) 拉伸边界曲线 2

(1) 在"分型面"命令选项卡"形状"区域中单击拉伸按钮 ，此时系统出现"拉伸"操控板。

(2) 选取 ADTM1 为草绘基准平面，进入草绘界面，利用 投影 命令绘制如图 4-123 所示的图元，单击草绘工具栏中的"完成"按钮 。

(3) 输入深度值为 15，单击 按钮，完成曲线的拉伸，如图 4-124 所示。

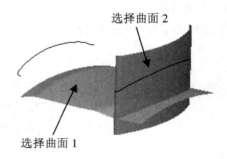

图 4-123　绘制的形状　　　　　　　　　　图 4-124　选择合并的曲面

9) 合并曲面

(1) 按住 Ctrl 键，选择如图 4-124 所示的两个曲面，在"分型面"命令选项卡"编辑"区域中单击 命令按钮，此时出现"合并"操控板。

(2) 单击 按钮，预览合并后的面组。

(3) 确认无误后，单击"完成"按钮 ，完成合并的曲面如图 4-125 所示。

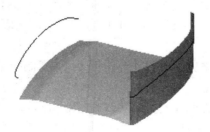

图 4-125　完成合并的曲面

10) 拉伸边界曲线 1

(1) 在"分型面"命令选项卡"形状"区域中单击拉伸按钮 ，此时系统出现"拉伸"操控板。

(2) 选取 ⟋ ADTM1 为草绘基准平面，进入草绘界面，利用 □ 投影 命令绘制如图 4-126 所示的图元，单击草绘工具栏中的"完成"按钮 ✔。

(3) 输入深度值为 15，单击 ✔ 按钮，完成曲线的拉伸，如图 4-127 所示。

图 4-126　绘制拉伸曲线

图 4-127　拉伸的曲面

11) 延伸曲面

(1) 如图 4-128 所示，选择曲面边线。

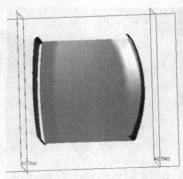

图 4-128　选取延伸曲线及终止面

(2) 单击 模型 命令选项卡中的 修饰符 ▼ 按钮，在下拉菜单中单击 → 延伸 按钮，此时出现"延伸"操控板。

(3) 在"延伸"操控板中单击按钮 ◫（延伸类型为至平面）。

(4) 在系统 ⇨选择曲面延伸所至的平面。 的信息提示下，选取如图 4-128 所示的 ADTM2 基准面为延伸的终止面。

(5) 在"延伸"操控板中单击"确定"按钮。完成后延伸的曲面如图 4-129 所示。

12) 合并曲面

(1) 按住 Ctrl 键，选择如图 4-129 所示的两个曲面，在"分型面"命令选项卡"编辑"区域中单击 ⟅⟆ 命令按钮，此时出现"合并"操控板。

(2) 单击 ◶◶ 按钮，预览合并后的面组。

(3) 确认无误后，单击"完成"按钮 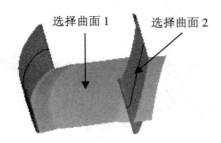，完成合并后的曲面如图 4-130 所示。

图 4-129　选择合并的曲面　　　　　　图 4-130　合并后的曲面

13) 合并曲面

(1) 按住 Ctrl 键，选择如图 4-131 所示的两个曲面，在"分型面"命令选项卡"编辑"区域中单击 命令按钮，此时出现"合并"操控板。

(2) 单击 按钮，预览合并后的面组。

(3) 确认无误后单击"完成"按钮 ，完成合并后的曲面如图 4-132 所示。

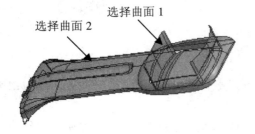

图 4-131　选择合并的曲面　　　　　　图 4-132　合并后的曲面

14) 复制曲面

(1) 将参照模型 BEETLE_TWISTBAND_LEFT_MOLD_REF.PRT 取消遮蔽。

(2) 选择如图 4-133 所示的两个面，单击"模具"命令选项卡 操作 区域中的 复制 按钮，然后单击 粘贴 按钮。

(3) 系统弹出 **曲面：复制** 操控板，在其中单击 按钮。复制完成后的曲面如图 4-134 所示。

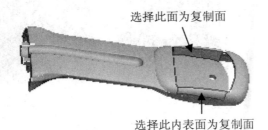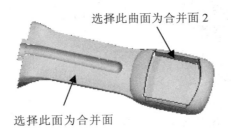

图 4-133　选择复制面　　　　　　图 4-134　选择合并面

15) 合并曲面

(1) 按住 Ctrl 键,选择如图 4-134 所示的两个曲面,在"分型面"命令选项卡"编辑"区域中单击 ⊡ 命令按钮,此时出现"合并"操控板。

(2) 单击 ∞ 按钮,预览合并后的面组。

(3) 确认无误后单击"完成"按钮 ✓ ,完成合并后的曲面如图 4-135 所示。

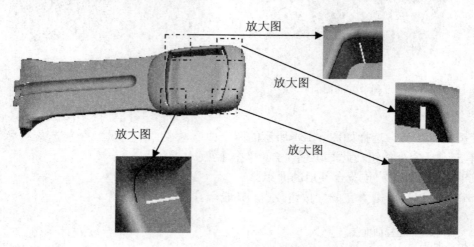

图 4-135 合并后的曲面

16) 用边界曲面方法创建如图 4-135 所示的四角空隙

(1) 在"分型面"命令选项卡 曲面设计 ▾ 区域中单击"边界混合"按钮 🖾 ,此时出现"边界混合"操控板。

(2) 选择第一方向曲线,按住 Ctrl 键,依次选取如图 4-136 所示的第一方向的两条边界曲线。

(3) 选择第二方向曲线,在"边界混合"操控板中单击第二方向曲线操作栏,按住 Ctrl 键,依次选取如图 4-136 所示的第二方向的两条边界曲线。

(4) 在"边界混合"操控板中单击"完成"按钮 ✓ ,完成边界曲面的创建。

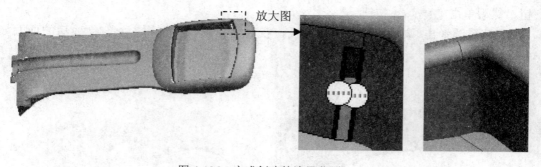

图 4-136 完成创建的边界曲面

(5) 将刚建的曲面与图 4-132 中创建的合并曲面合并,其他三个角的创建方法同上,最终完成的分型面如图 4-137 所示。

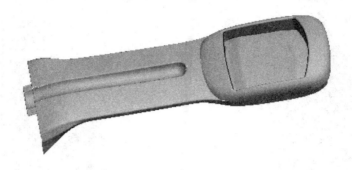

图 4-137 完成的分型面

17) 将复制的表面延伸至坯料表面

(1) 延伸第一个曲面。

① 显示坯料。右键单击模型树中的 ⊟ BEETLE_TWISTBAND_LEFT_WP.PRT，在弹出的快捷菜单中选择 取消遮蔽 命令。

② 选择曲面边界的一边，然后按 Shift 键加选边，完成边选项，如图 4-138 所示。

③ 单击 模型 命令选项卡中的 修饰符 ▾ 按钮，在下拉菜单中单击 ⊟ 延伸 按钮，出现"延伸"操控板。

④ 在"延伸"操控板中单击按钮 ⊞ (延伸类型为至平面)。

⑤ 在系统 ⇨选择曲面延伸所至的平面。 的信息提示下，选取如图 4-138 所示的坯料表面为延伸的终止面。

⑥ 在"延伸"操控板中单击"确定"按钮，延伸结果如图 4-139 所示。

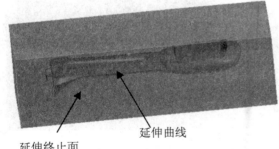

延伸终止面

延伸曲线

图 4-138 选择延伸曲线及终止面

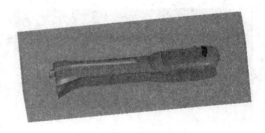

图 4-139 延伸后的图形

(2) 延伸第二个曲面。

① 选择曲面边界的一边，然后按 Shift 键加选边，完成边选项，如图 4-140 所示。

② 单击 模型 命令选项卡的 修饰符 ▾ 按钮，在下拉菜单中单击 ⊟ 延伸 按钮，出现"延伸"操控板。

③ 在"延伸"操控板中单击按钮 ⊞ (延伸类型为至平面)。

④ 在系统 ⇨选择曲面延伸所至的平面。 的信息提示下，选取如图 4-140 所示的坯料表面为延伸的终止面。

⑤ 在"延伸"操控板中单击"确定"按钮，延伸结果如图 4-141 所示。

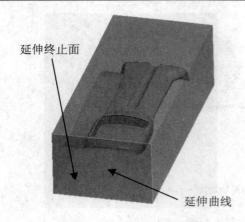

图 4-140 选择延伸曲线及终止面

图 4-141 延伸后的图形

(3) 延伸第三个曲面。

① 选择曲面边界的一边，然后按 Shift 键加选边，完成边选项，如图 4-142 所示。

② 单击 **模型** 命令选项卡的 修饰符▼ 按钮，在下拉菜单中单击 ➡ 延伸 按钮，出现"延伸"操控板。

③ 在"延伸"操控板中单击按钮 （延伸类型为至平面）。

④ 在系统 ➡选择曲面延伸所至的平面。 的信息提示下，选取如图 4-142 所示的坯料的表面为延伸的终止面。

⑤ 在"延伸"操控板中单击"确定"按钮，延伸结果如图 4-143 所示。

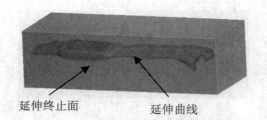

图 4-142 选择延伸曲线及终止面

图 4-143 延伸后的图形

18) 通过拉伸的方法创建分型面

(1) 选择命令。单击"分型面"命令选项卡 形状▼ 区域的"拉伸"按钮 ，此时系统弹出"拉伸"命令操控板。

(2) 定义草绘截面放置属性。在图形区单击鼠标右键，从弹出的菜单中选择 定义内部草绘... 命令，在系统 ➡选择一个平面或曲面以定义草绘平面。 的信息提示下，采用"右击换截面"的方法，选择如图 4-143 所示的平面为草绘平面，接受图中默认的箭头方向为草绘方向，单击 **草绘** 按钮进入草绘视图界面。

(3) 绘制截面草图。进入草绘后，利用草绘工具栏中的 □ 投影 命令绘制如图 4-144 所示的截面草图。完成截面的绘制后，单击工具栏中的"确定"按钮 。

(4) 设置拉伸属性。在"拉伸"操作面板中选取深度类型 （到选定的）。将模型调整到如图 4-144 所示的视图方位，采用"右击换截面"的方法，选取如图 4-145 所示的平面为拉伸终止面。

(5) 在"拉伸"操作面板中单击"完成"按钮 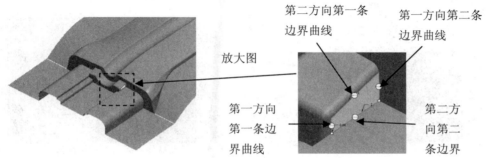，完成特征创建，如图 4-145 所示。

图 4-144　选取参照与绘制直线

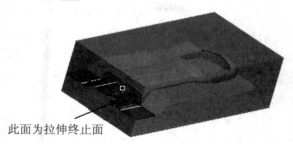

此面为拉伸终止面

图 4-145　拉伸后曲面

19) 合并曲面

(1) 按住 Ctrl 键，选择如图 4-146 所示的两个曲面，在"分型面"命令选项卡"编辑"区域中单击 命令按钮，此时出现"合并"操控板。

(2) 单击 按钮，预览合并后的面组。

(3) 确认无误后，单击"完成"按钮 。

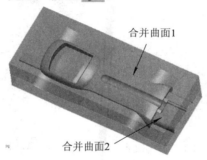

合并曲面1

合并曲面2

图 4-146　选择合并曲面

20) 创建边界曲面 5

(1) 在"分型面"命令选项卡 曲面设计 区域中单击"边界混合"按钮 ，此时出现"边界混合"操控板。

(2) 选择第一方向曲线。按住 Ctrl 键依次选取如图 4-147 所示的第一方向的两条边界曲线。

第二方向第一条边界曲线　　第一方向第二条边界曲线

放大图

第一方向第一条边界曲线　　第二方向第二条边界

图 4-147　选择边界曲线

(3) 选择第二方向曲线。在"边界混合"操控板中单击第二方向曲线操作栏，按住 Ctrl 键，依次选取如图 4-147 所示的第二方向的两条边界曲线。

(4) 在"边界混合"操控板中单击"完成"按钮 ✓，完成边界曲面的创建。

21) 将图 4-146 中创建的合并曲面与边界曲面 5 合并

(1) 按住 Ctrl 键，选取要合并的两个曲面 (🔲 合并 9 [TWISTBAND_LEFT_PS - 分型面] 与 🔲 边界混合 5 [TWISTBAND_LEFT_PS - 分型面])，然后选择"模型"命令选项卡 修饰符 ▾ 命令下拉菜单中的 ⬡ 合并 命令。

(2) 在系统弹出的"合并"操控板中单击 🔗 按钮，预览合并后的面组，确认无误后，单击"完成"按钮 ✓，结果如图 4-148 所示。

图 4-148　合并后曲面

22) 创建边界曲面 6

(1) 在"分型面"命令选项卡 曲面设计 ▾ 区域中单击"边界混合"按钮 ⬡，此时出现"边界混合"操控板。

(2) 选择第一方向曲线。按住 Ctrl 键，依次选取如图 4-149 所示的第一方向的两条边界曲线。

(3) 选择第二方向曲线。在"边界混合"操控板中单击第二方向曲线操作栏，按住 Ctrl 键，依次选取如图 4-149 所示的第二方向的两条边界曲线。

(4) 在"边界混合"操控板中单击"完成"按钮 ✓，完成边界曲面的创建。

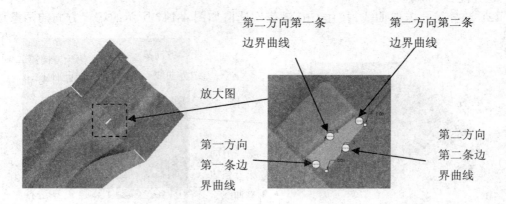

图 4-149　选择边界曲线

23) 将图 4-146 中创建的合并曲面与边界曲面 6 合并

(1) 按住 Ctrl 键选取要合并的两个曲面(🔲 合并 10 [TWISTBAND_LEFT_PS - 分型面] 与
🔲 边界混合 6 [TWISTBAND_LEFT_PS - 分型面])，然后选择"模型"命令选项卡 修饰符▾ 命令下
拉菜单中的 🔲 合并 命令。

(2) 在系统弹出的"合并"操控板中单击 🔗 按钮，预览合并后的面组,确认无误后单
击"完成"按钮 ✔，结果如图 4-150 所示。

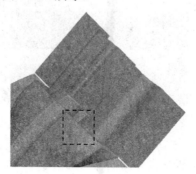

图 4-150　合并后曲面

24) 创建草绘 1

(1) 单击"分型面"命令选项卡 基准▾ 区域处的"草绘"按钮 ⟋，选择如图 4-151
所示的平面 A 作为草绘基准平面，接受系统默认的草绘参考及方向，进入草绘界面。

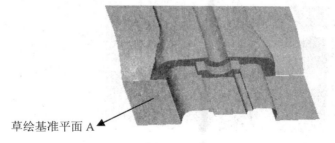

草绘基准平面 A

图 4-151　选取草绘基准面

(2) 绘制如图 4-152 所示的草图，单击草绘工具栏中的确定按钮 ✔。

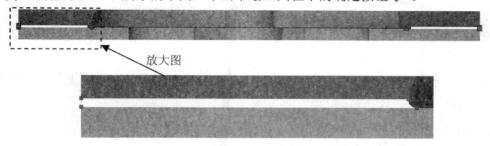

放大图

图 4-152　完成的草绘 1

25) 创建草绘 2

(1) 单击"分型面"命令选项卡 基准▾ 区域中的草绘按钮 ⟋，选择如图 4-151 所示
的面 A 作为草绘基准平面，接受系统默认的草绘参考及方向，进入草绘界面。

(2) 绘制如图 4-153 所示的草图，单击草绘工具栏中的"确定"按钮 ✔ 。

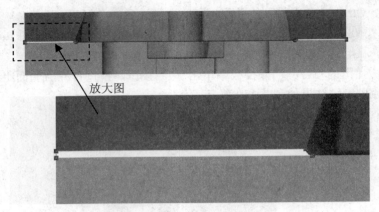

放大图

图 4-153　完成的草绘 2

26) 创建边界曲面

利用草绘 1 及草绘 2 分别创建边界曲面 7 和边界曲面 8，如图 4-154 所示。

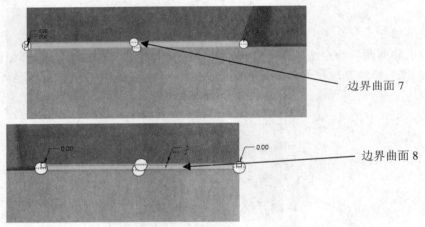

边界曲面 7

边界曲面 8

图 4-154　选取创建边界曲面的边界链

27) 合并曲面

(1) 将 🗋 边界混合 7 [TWISTBAND_LEFT_PS - 分型面] 与图 4-148 创建的合并曲面合并。

(2) 将步骤(1)中创建的合并曲面与 🗋 边界混合 8 [TWISTBAND_LEFT_PS - 分型面] 进行合并。

28) 完成分型面的创建

单击"分型面"操控板中的"确定"按钮 ✔ ，完成主分型面的创建，如图 4-155 所示。

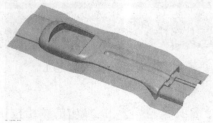

图 4-155　创建完成后的分型面

6. 构建模具元件的体积块

(1) 选择"模具"命令选项卡 分型面和模具体积块▾ 区域中 模具体积块▾ 下拉菜单中的 ⊟ 体积块分割 命令,进入"分割体积块"菜单(即用"分割"法构建模具元件体积块)。

(2) 在系统弹出的"分割体积块"菜单中,依次选择 两个体积块 → 所有工件 → 完成 命令。此时系统弹出"分割"对话框和"选择"对话框。

(3) 用"列表选取"的方法选取分型面。

① 在系统消息区 ➡为分割工件选择分型面。 的信息提示下,在模型中主分型面的位置单击鼠标右键,从快捷菜单中选取 从列表中拾取 命令。

② 在弹出的"从列表中拾取"对话框中选取列表中的 面组:F7(TWISTBAND_LEFT_PS) 分型面,然后单击 确定(0) 按钮。

③ 在"选择"对话框中单击 确定 按钮。

(4) 在"分割"对话框中单击 确定 按钮。

(5) 此时,系统弹出如图 4-156 所示的"属性"对话框(一),采用系统默认的名称,单击 确定 按钮。

(6) 此时,系统弹出如图 4-157 所示的"属性"对话框(二),采用系统默认的名称,单击 确定 按钮。

图 4-156　"属性"对话框(一)

图 4-157　"属性"对话框(二)

7. 抽取模具元件

选择"模具"命令选项卡 元件▾ 区域 模具元件 下拉菜单中的 ⊕ 型腔镶块 命令,在系统弹出的"创建模具元件"对话框中单击"选择所有体积块"命令按钮 ☰ ,选择所有体积块,然后单击 确定 按钮,如图 4-158 所示。

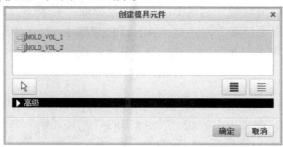

图 4-158　"创建模具元件"对话框

8. 生成浇注件

(1) 选择"模具"命令选项卡 元件▾ 区域中的 🐌创建铸模 命令。

(2) 在如图 4-159 所示的系统提示文本框中输入浇注件的零件名称"beetle_twistband_left_molding",并单击两次 ✔ 按钮。

图 4-159　系统提示文本框

9. 隐藏分型面、坯料和模具元件

(1) 选择"视图"命令选项卡 可见性 区域中的 模具显示 按钮,此时系统弹出如图 4-160 所示的"遮蔽和取消遮蔽"对话框(一)。

(2) 遮蔽坯料和模具元件。

① 在"遮蔽和取消遮蔽"对话框(一)左边的"可见元件"列表中,按住 Ctrl 键,选择参考零件和坯料。

② 单击"遮蔽和取消遮蔽"对话框(一)下部的 遮蔽 按钮。

(3) 遮蔽分型面。

① 在"遮蔽和取消遮蔽"对话框(一)右边的"过滤"区域中单击 分型面 按钮,此时弹出"遮蔽和取消遮蔽"对话框(二),如图 4-161 所示。

图 4-160　"遮蔽和取消遮蔽"对话框(一)　　　图 4-161　"遮蔽和取消遮蔽"对话框(二)

② 单击"遮蔽和取消遮蔽"对话框(二)"可见曲面"列表下方的 按钮。

③ 单击"遮蔽和取消遮蔽"对话框(二)下部的 遮蔽 按钮。

(4) 单击"遮蔽和取消遮蔽"对话框(二)下部的 确定 按钮。

10. 开模

1) 移动上模

(1) 选择"模具"命令选项卡 分析 ▾ 区域中的"模具开模"命令按钮 ,在系统弹出的"菜单管理器"菜单中选择 定义步骤 命令,在 ▾ 定义步骤 下拉菜单中选择 定义移动 命令。

(2) 用"列表选取"的方法选取要移动的模具元件。在系统消息区 ⇨ 为迁移号码1 选择构件。 的信息提示下,选取上模,在"选取"对话框中单击 确定 按钮。

(3) 在系统消息区 ⇨ 通过选择边、轴或面选择分解方向。 的信息提示下,选取如图 4-162 所示的边线为移动方向,然后在系统 输入沿指定方向的位移 的信息提示下,输入要移动的距离"50",并按回车键。

(4) 在"定义步骤"菜单中选择"完成"命令。移动上模后的模型如图 4-163 所示。

图 4-162 选取移动方向

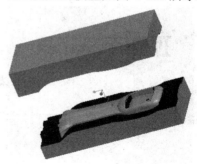

图 4-163 移动上模

2) 移动下模

(1) 参照上模的开模步骤操作方法选取下模，选取图 4-162 所示的边线为移动方向，然后输入要移动的距离"–50"。

(2) 在"定义步骤"菜单中选择"完成"命令，完成下模的移动。

(3) 在"模具开模"菜单中选择"完成/返回"命令，完成后的模具如图 4-164 所示。

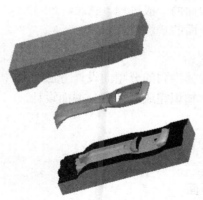

图 4-164 完成开模后的模具模型

思考与练习 ❖❖❖❖❖❖❖❖❖

1. 简述斜销机构与滑块机构各有什么特点。

2. 简述模具普通分型面和破孔分型面设计方法的异同。

3. 试述采用"种子面与边界面"的方法选取所需要的曲面时的操作要点。

4. 试述在采用"曲面复制"方法复制的模型表面边界面是由多个曲面组成，在选取"边界面"的过程中需要注意什么。

项目五

分型面的设计方法

【内容导读】

使用 Creo 4.0 模具设计进行复杂模具设计时，仅采用项目三讲到的一般分型面设计方法，则无法顺利完成产品的模具设计。针对复杂产品的模具设计，可以采用本项目讲到的阴影法和裙边法进行分型面的设计，来完成较复杂产品的分型面设计。

【知识目标】

- 熟悉并理解各种不同分型面设计方法的区别。
- 掌握阴影法设计分型面的一般过程。
- 掌握裙边法设计分型面的一般过程。

【能力目标】

- 能够根据产品特点选择不同的分型面设计方法。
- 能够采用本项目所学知识完成产品的分型面设计。

相关知识 ++++++++++

1. 采用阴影法设计分型面

在 Creo 4.0 的模具设计模块中，可以采用阴影法设计分型面，这种设计分型面的方法是利用光线投射会产生阴影的原理，在模具模型中迅速创建所需要的分型面。例如，在如图 5-1(a)所示的模具模型中，在确定了光线的投影方向后，系统先在参考模型上对着光线的一侧确定能够产生阴影的最大曲面，然后将该曲面延伸到坯料的四周表面，最后便得到如图 5-1(b)所示的分型面。

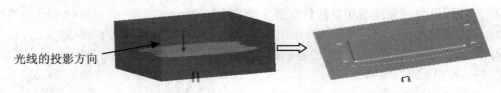

光线的投影方向

(a) 参观模型及坯料   (b) 用阴影法产生的分型面

图 5-1　用阴影法设计分型面

采用阴影法设计分型面的命令 阴影曲面 位于"分型面"操控板 曲面设计 ▾ 区域的下拉列表中，利用该命令创建分型面应注意以下几点：

(1) 参考模型和坯料不得遮蔽，否则 阴影曲面 命令呈灰色而无法使用。

(2) 使用该命令前，需对参考模型创建足够的拔模特征。

(3) 使用 阴影曲面 命令创建的分型面是一个组件特征，如果删除一组边、删除一个曲面或改变环的数量，则系统将会正确地再生该分型面。

采用阴影法设计分型面的一般操作过程如下：

(1) 单击"模具"命令选项卡 分型面和模具体积块 ▾ 区域中的"分型面"按钮 📕，此时系统弹出"分型面"操控面板。

(2) 单击"分型面"操控板中 控制 区域的 🖹 按钮，在系统弹出的"属性"对话框中可以输入自定义分型面名称。

(3) 单击"分型面"操控板中的 曲面设计 ▾ 按钮，在系统弹出的下拉菜单中单击 阴影曲面 按钮，此时系统弹出如图 5-2 所示的"阴影曲面"对话框。

备注：图 5-2 所示的"阴影曲面"对话框中可选的命令元素的说明介绍如下。

➢ 修剪平面：选择或创建夹子平面。

➢ 环闭合：定义在初步阴影曲面中的任何环的环闭合。

➢ 关闭扩展：定义曲面边界的关闭延伸。

➢ 拔模角度：指定过渡曲面的拔模角度。

➢ 关闭平面：指定拔模曲面的延伸距离。

➢ 阴影滑块：指定连接到阴影零件的滑块。

(4) 指定阴影零件，可选取单个或多个参考模型，具体介绍如下：

① 如果模具模型中只有一个参考模型，则系统会默认地选取它，此时"阴影曲面"对话框中的 阴影零件 元素的信息状态为"已定义"。

② 如果模具模型中有多个参考模型(一模多穴时)，就会出现如图 5-3 所示的"特征参考"菜单及"选择"对话框，按住 Ctrl 键，选取多个要使用的参考模型。

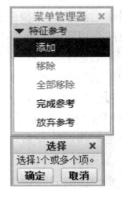

图 5-2 "阴影曲面"对话框　　　　图 5-3 "特征参考"菜单及"选择"对话框

③ 如果选取了很多参照零件，则"阴影曲面"对话框中的  元素自动激活，用户必须选取或创建一个基准平面作为一个"切断"平面。

(5) 指定工件(坯料)。必须选取 Creo 4.0 在其上创建阴影特征的一个元件。如果模具模型中只有一个工件，则系统默认地选取该工件，此时"阴影曲面"对话框中的 阴影零件 元素的信息状态为"已定义"。

(6) 选取平面、曲线、边、轴或坐标系，以指定光线投影的方向。

注意：如果用户已经定义了模型的"拖动方向"，则默认的光线投影方向自动为"拖动方向"的相反方向。单击"模具"命令选项卡 设计特征 区域中的 ↑↑拖拉方向 命令按钮，在弹出的如图 5-4 所示的"拖拉方向"对话框中，可以根据命令提示自定义模型的拖拉方向。

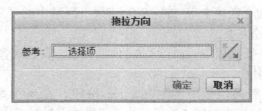

图 5-4　"拖拉方向"对话框

(7) 单击"阴影曲面"对话框中的 预览 按钮，预览所创建的阴影曲面，然后单击 确定 按钮，完成分型面的创建。

2. 采用裙边法设计分型面

1) 概述

裙边法是 Creo 4.0 模具模块所提供的另一种创建分型面的方法，这是一种沿着参考模型的轮廓线来建立分型面的方法。采用这种方法设计分型面时，首先要创建分型线，然后利用该分型线来产生分型面。分型线通常就是参考模型的轮廓线，一般可用轮廓线来建立。

在完成分型线的创建后，通过指定开模方向，系统会自动将外部环路延伸到坯料表面及填充内部环路来产生分型面。

采用裙边法所创建出来的分型面是一个不包含参考模型本身表面的破面，这种分型面有别于一般的覆盖型分型面，这是裙边法最重要的特点。

采用裙边法设计分型面的命令"裙边曲面"位于 曲面设计▾ 区域中，利用该命令创建分型面应注意以下几点：

(1) 参考模型和坯料不得遮蔽，否则"裙边曲面"命令呈灰色而无法使用。

(2) 使用该命令前，需创建分型线。

(3) 使用"裙边曲面"命令创建的分型面也是一个组件特征。

(4) 使用"裙边曲面"命令创建分型面时，有时会出现延伸不完全的情况，此时用户必须手动定义其延伸要素。

2) 轮廓曲线

轮廓曲线是沿着特定的方向对模具模型进行投影而得到的参考模型的轮廓曲线，由于参考模型形状的不同，故所产生的轮廓曲线也将有所差异，但所有的轮廓曲线都是由一个或者数个封闭的内部环路所构成。轮廓曲线的主要作用是建立参考模型的分型线，辅助建立分型面。如果某些轮廓曲线不产生所需的分型面几何或引起分型面延伸重叠，则可将其排除并手工创建投影曲线。

轮廓曲线命令位于"模具"命令选项卡的 设计特征 区域(见图 5-5)，用户选择该命令后，系统会弹出如图 5-6 所示的"轮廓曲线"对话框。

图 5-5 轮廓曲线命令

图 5-6 "轮廓曲线"对话框

一般情况下，用户只需定义投影的方向，系统便可以自动完成轮廓曲线的建立，但是如果参考模型的某些曲面与投影方向平行，则在曲面的上方及下方都将产生一曲线链，而这两条曲线并不是同时使用的，此时就必须定义曲线对话框中的 环选择   可选的 元素。双击该元素后，系统会弹出"环选择"对话框，该对话框包括两个选项卡，它们是"环"和"链"选项卡，如图 5-7 所示。

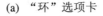

(a) "环"选项卡   (b) "链"选项卡

图 5-7 "环选择"对话框

在"环"选项卡(见图 5-7(a))中，可以选择 包括 按钮来保留某个环路，或者选择 排除 按钮来去掉某个环路；在"链"选项卡(见图 5-7(b))中，则可以选择 上部 按钮来使用某个链的上半部分，或者选择 下部 按钮来使用某个链的下半部分。如果某个链仅是单个的链，则其状态为"单一"，该链便没有"上部"或"下部"可供选择，所以选择该链后，"上部"

和"下部"按钮为灰色。

创建轮廓曲线的一般操作过程如下：

(1) 在"模具"命令选项卡中单击 设计特征 区域的"轮廓曲线"按钮 ，此时系统弹出"轮廓曲线"对话框。

(2) 为要创建的轮廓曲线指定名称。系统默认的命名为 SILH_CURVE_1 或者 SILH_CURVE_2 等。

(3) 选取平面、曲线、边、轴或坐标系，以指定光线投影的方向。

注意：如果已经定义了模型的"拖动方向"，则默认的光线投影方向自动为"拖动方向"的反方向。

(4) 可根据需要，在"轮廓曲线"对话框上指定以下任意一项元素：

① 滑块：指定要连接到参考零件的滑块。

② 间隙关闭：为创建轮廓边指定间隙关闭。

③ 环选择：手工选取环或链，或二者都选，以解决底切和非拔模区中的模糊问题。

(5) 单击"轮廓曲线"对话框中的 预览 按钮，预览所创建的轮廓曲线，如果发现问题，则可双击对话框中的有关元素进行定义或修改。

(6) 确认无误后，单击"轮廓曲线"对话框中的 确定 按钮，完成轮廓曲线的创建操作。

3) 采用裙边法设计分型面的一般操作过程

(1) 单击"模具"命令选项卡 分型面和模具体积块 ▼ 区域中的"分型面"按钮 ，此时系统弹出"分型面"操控板。

(2) 单击"分型面"操控板 控制 区域中的 按钮，在系统弹出的"属性"对话框中输入分型面名称"ps"。

(3) 单击"分型面"操控板 曲面设计 ▼ 区域中的"裙边曲面"按钮 ，此时系统弹出如图 5-8 所示"裙边曲面"对话框。

元素	信息
参考模型	已定义
边界参考	已定义
方向	已定义
曲线	必需的
延伸	可选的
环闭合	可选的
关闭扩展	可选的
拔模角度	可选的
关闭平面	可选的

图 5-8　"裙边曲面"对话框

(4) 指定参考模型。

① 如果模具模型中只有一个参考模型，则系统会默认选取它，此时"裙边曲面"对话框中 参考模型 元素的信息状态为"已定义"。

② 如果模具模型中有多个参考模型，则用户必须手动选取某个参考模型。

(5) 指定工件(坯料)。必须选取 Creo 4.0 在其上创建裙边曲面特征的一个元件。如果模具模型中只有一个工件，则系统会默认选取该工件，此时"裙边曲面"对话框中 边界参考 元素的信息状态为"已定义"。

(6) 选取平面、曲线、边、轴或坐标系，以指定光线投影的方向。

注意：如果已定义了模型的"拖动方向"，则默认的光线投影方向自动为"拖动方向"的相反方向。

(7) 在参照零件上选取分型线，分型线中可能含有内环(供将来填充用)和外环(供将来延伸用)。一般事先用轮廓曲线创建分型线。

(8) 如果要进行裙边曲面的延伸控制，则可双击"裙边曲面"对话框中的 延伸 元素，此时系统弹出如图 5-9 所示的"延伸控制"对话框。

图 5-9　"延伸控制"对话框

该对话框中的各选项卡说明如下：

① 在"延伸曲线"选项卡中，可以选取曲线特征中的哪些线段要加入群边延伸。

② 在"相切条件"选项卡中，可以指定裙边的延伸方向与相邻的参考模型表面相切。

③ 在"延伸方向"选项卡中，可以更改裙边曲面的延伸方向。

(9) 如果要改变处理内环的方法，则可双击"裙边曲面"对话框中的 环闭合 元素，然后进行相关的操作。

(10) 根据参考模型边缘的状况，可在裙边曲面上创建"束子"特征，用户可使用"裙边曲面"对话框中的 关闭扩展 、 拔模角度 和 关闭平面 三个元素创建"束子"特征。在裙边曲面上创建"束子"特征的方法，与在阴影曲面上创建"束子"特征的方法相同。

① 关闭扩展 元素：用于定义束子的外围轮廓，一般以草绘的方式来定义束子的轮廓。

② 拔模角度 元素：用于定义束子四周侧面的拔模角度(倾斜角度)。

③ 关闭平面 元素：用于定义束子的终止平面。

(11) 单击"裙边曲面"对话框中的 预览 按钮，预览所创建的裙边曲面，然后单击 确定 按钮完成操作。

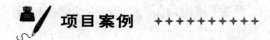 项目案例 ◆◆◆◆◆◆◆◆◆◆◆

5.1 阴影法设计分型面

5.1.1 阴影法实例(一)

下面以如图 5-10 所示的模具为例，说明采用阴影法设计分型面的操作过程。

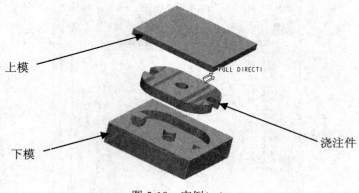

图 5-10 实例(一)

1. 打开模具模型

设置工作目录，然后打开文件 beetle_single_pcb_mold.asm。

2. 用阴影法创建分型面

下面将创建如图 5-11 所示的分型面，以分离模具上模和下模。

图 5-11 创建分型面

(1) 单击"模具"命令选项卡 分型面和模具体积块▾ 区域中的"分型面"按钮 📖，此时系统弹出"分型面"操控板。

(2) 单击"分型面"操控板 控制 区域中的 📄 按钮，在系统弹出的"属性"对话框中输入分型面名称"beetle_single_pcb_ps"，然后单击"确定"按钮。

(3) 单击"分型面"操控板中的 曲面设计▾ 按钮，在系统弹出的下拉菜单中单击 阴影曲面 按钮，此时系统弹出"阴影曲面"对话框。

(4) 定义光线投影的方向。在系统消息区 ⇨所有元素已定义。请从对话框中选择元素或动作。 的提示下，单击"阴影曲面"对话框中的 方向　　　　已定义 元素按钮，此时系统弹出如图 5-12 所示的"一般选择方向"菜单，用户可通过以下操作来定义光线投影方向。

图 5-12　"一般选择方向"菜单

① 在 ▾ 一般选择方向 菜单中选择 平面 命令(系统默认选取该命令)。
② 在系统消息区 ⇨选择将垂直于此方向的平面。 的提示下，选取图 5-13 所示的坯料表面。

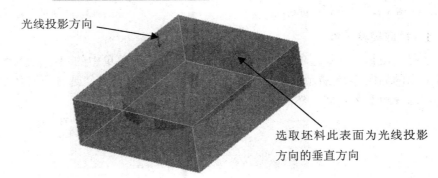

图 5-13　选取坯料表面及定义光线投影方向

③ 确认图 5-13 所示箭头方向为光线投影方向(若显示相反方向，则通过 ▾ 方向 菜单下的 反向 命令，调整光线投影方向)无误后，单击 确定 按钮。

(5) 单击"阴影曲面"对话框中的 预览 按钮，预览创建的分型面无误后，单击 确定 按钮完成操作。

(6) 在"分型面"操控板中单击"确定"按钮 ✔，完成分型面的创建。

3. 用分型面创建两个体积块

(1) 选择"模具"命令选项卡 分型面和模具体积块▾ 区域 模具体积块 下拉菜单中的 ⊟ 体积块分割 命令，进入"分割体积块"菜单(即用"分割"法构建模具元件体积块)。

(2) 在系统弹出的"分割体积块"菜单中，依次选择 两个体积块 → 所有工件 → 完成 命令。此时系统弹出"分割"对话框和"选择"对话框。

(3) 用"列表选取"的方法选取分型面。

① 在系统消息区 ➡为分割工件选择分型面. 的信息提示下，在模型中分型面的位置单击鼠标右键，从快捷菜单中选取 从列表中拾取 命令。

② 在弹出的"从列表中拾取"对话框中选取列表中的 面组:F7(BEETLE_SINGLE_PCB_PS) 分型面，然后单击 确定(O) 按钮。

③ 在"选择"对话框中单击 确定 按钮。

(4) 在"分割"对话框中单击 确定 按钮。

(5) 此时，系统弹出如图 5-14 所示的"属性"对话框(一)，同时模型的型芯部分变亮，采用系统默认的名称，然后单击 确定 按钮。

(6) 这时系统弹出如图 5-15 所示的"属性"对话框(二)，同时模型中的型芯以外的部分变亮，采用系统默认的名称，然后单击 确定 按钮。

图 5-14　"属性"对话框(一)

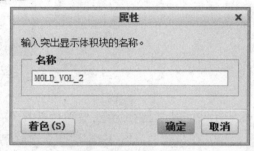
图 5-15　"属性"对话框(二)

4. 抽取模具元件

选择"模具"命令选项卡 元件▾ 区域 模具元件▾ 下拉菜单中的 🔩 型腔镶块 命令，然后在系统弹出的如图 5-16 所示的"创建模具元件"对话框中单击"选择所有体积块"命令按钮 ☰ ，选择所有体积块，然后单击 确定 按钮。

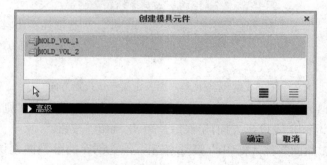
图 5-16　"创建模具元件"对话框

5. 生成浇注件

(1) 选择"模具"命令选项卡 元件▾ 区域中的 🝆创建铸模 命令。

(2) 在如图 5-17 所示的系统提示文本框中输入浇注件的名称"single_pcb_molding"，并单击两次 ✔ 按钮。

图 5-17　系统提示文本框

6．隐藏分型面、坯料和模具元件

(1) 选择"视图"命令选项卡 可见性 区域中的 模具显示 按钮，此时系统弹出如图 5-18 所示的"遮蔽和取消遮蔽"对话框(一)。

(2) 遮蔽坯料和模具元件。

① 在"遮蔽和取消遮蔽"对话框(一)左边的"可见元件"列表中，按住 Ctrl 键，选择参考零件和坯料。

② 单击"遮蔽和取消遮蔽"对话框(一)下部的 遮蔽 按钮。

(3) 遮蔽分型面。

① 在"遮蔽和取消遮蔽"对话框(一)右边的"过滤"区域中单击 分型面 按钮，此时弹出"遮蔽和取消遮蔽"对话框(二)，如图 5-19 所示。

图 5-18　"遮蔽和取消遮蔽"对话框(一)　　　图 5-19　"遮蔽和取消遮蔽"对话框(二)

② 单击"遮蔽和取消遮蔽"对话框(二)中"可见曲面"列表下方的 图标。

③ 单击"遮蔽和取消遮蔽"对话框(二)下部的 遮蔽 按钮。

(4) 单击"遮蔽和取消遮蔽"对话框(二)下部的 确定 按钮。

7．开模

1) 移动上模

(1) 选择"模具"命令选项卡 分析▼ 区域中的"模具开模"命令按钮 ，此时系统弹出"菜单管理器"菜单。

(2) 在"菜单管理器"菜单中选择 定义步骤 命令，在系统弹出的 ▼ 定义步骤 下拉菜单中选择 定义移动 命令。

(3) 用"列表选取"的方法选取要移动的模具元件。在系统消息区 为迁移号码1 选择构件. 的信息提示下选取上模，在"选取"对话框中单击 确定 按钮。

(4) 在系统消息区 通过选择边、轴或面选择分解方向. 的信息提示下，选取如图 5-20 所示的边线为移动方向，然后在系统 输入沿指定方向的位移 的信息提示下，输入要移动的距离"−5"，并按回车键。

(5) 在"定义步骤"菜单中，选择"完成"命令。移动上模后，模型如图 5-21 所示。

图 5-20　选取移动方向

图 5-21　移动上模

2) 移动下模

(1) 参照上模的开模步骤操作方法选取下模。选取如图 5-20 所示的边线为移动方向，然后输入要移动的距离"5"。

(2) 在"定义步骤"菜单中选择"完成"命令，完成下模的移动。

(3) 在"模具开模"菜单中选择"完成/返回"命令，完成开模后的模具模型如图 5-22 所示。

图 5-22　完成开模后的模具模型

5.1.2　阴影法实例(二)

下面以如图 5-23 所示的模具为例，说明采用阴影法设计分型面的操作过程。

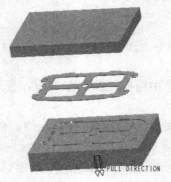

图 5-23　实例(二)

1．打开模具模型

设置工作目录，然后打开文件 beetle_batt_waterresist_mold.asm。

2．创建分型面

下面将创建如图 5-24 所示的分型面，以分离模具上模和下模。

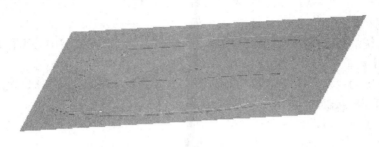

图 5-24　创建分型面

(1) 单击"模具"命令选项卡 分型面和模具体积块 ▼ 区域中的"分型面"按钮 ▣，此时系统弹出"分型面"操控板。

(2) 单击"分型面"操控板 控制 区域中的 ▣ 按钮，在系统弹出的"属性"对话框中输入分型面名称"beetle_batt_waterresist_ps"，然后单击"确定"按钮。

(3) 单击"分型面"操控板中的 曲面设计 ▼ 按钮，在系统弹出的下拉菜单中单击 阴影曲面 按钮，此时系统弹出"阴影曲面"对话框。

(4) 定义光线投影的方向。在系统消息区 ➡所有元素已定义。请从对话框中选择元素或动作。 的信息提示下，单击"阴影曲面"对话框中的 方向　　　已定义 元素按钮，此时系统弹出"一般选择方向"菜单，用户可通过以下操作来定义光线投影方向。

① 在 ▼ 一般选择方向 菜单中选择 平面 命令(系统默认选取该命令)。

② 在系统消息区 ➡选择将垂直于此方向的平面。 的信息提示下，选取如图 5-25 所示的坯料表面。

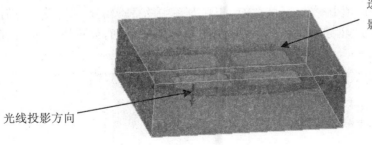

选取坯料此表面为光线投影方向的垂直方向

光线投影方向

图 5-25　选取坯料表面及定义光线投影方向

③ 确认图 5-25 所示箭头方向为光线投影方向(若显示相反方向，则通过 ▼ 方向 菜单下的 反向 命令，调整光线投影方向)无误后，单击 确定 按钮。

(5) 单击"阴影曲面"对话框中的 预览 按钮，预览创建的分型面无误后，单击 确定 按钮完成操作。

(6) 在"分型面"操控板中单击"确定"按钮 ✓，完成分型面的创建。

3．用分型面创建两个体积块

(1) 选择"模具"命令选项卡 分型面和模具体积块▼ 区域 模具体积块 下拉菜单中的 ⬒ 体积块分割 命令，进入"分割体积块"菜单(即用"分割"法构建模具元件体积块)。

(2) 在系统弹出的"分割体积块"菜单中，依次选择 两个体积块 → 所有工件 → 完成 命令。此时系统弹出"分割"对话框和"选择"对话框。

(3) 用"列表选取"的方法选取分型面。

① 在系统消息区 ⬦为分割工件选择分型面． 的信息提示下，在模型中分型面的位置单击鼠标右键，从快捷菜单中选取 从列表中拾取 命令。

② 在弹出的"从列表中拾取"对话框中选取列表中的 面组:F7(BEETLE_SINGLE_PCB_PS) 分型面，然后单击 确定(O) 按钮。

③ 在"选择"对话框中单击 确定 按钮。

(4) 在"分割"对话框中单击 确定 按钮。

(5) 此时系统弹出如图 5-26 所示的"属性"对话框(一)，同时模型的型芯部分变亮，采用系统默认的名称，然后单击 确定 按钮。

(6) 这时系统弹出如图 5-27 所示的"属性"对话框(二)，同时模型中的型芯以外的部分变亮，采用系统默认的名称，然后单击 确定 按钮。

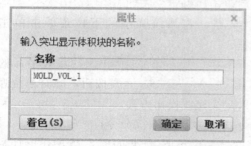

图 5-26　"属性"对话框(一)

图 5-27　"属性"对话框(二)

4．抽取模具元件

选择"模具"命令选项卡 元件▼ 区域 模具元件 下拉菜单中的 型腔镶块 命令，然后在系统弹出的如图 5-28 所示的"创建模具元件"对话框中单击"选择所有体积块"命令按钮 ≡ ，选择所有体积块，然后单击 确定 按钮。

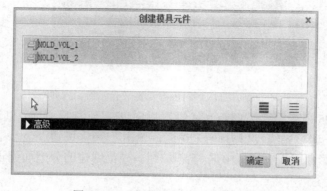

图 5-28　"创建模具元件"对话框

5. 生成浇注件

(1) 选择"模具"命令选项卡 元件▾ 区域中的 🏠创建铸模 命令。

(2) 在如图 5-29 所示的系统提示文本框中输入浇注件的名称"beetle_batt_waterresist_molding",并单击两次 ✔ 按钮。

图 5-29　系统提示文本框

6. 隐藏分型面、坯料和模具元件

(1) 选择"视图"命令选项卡 可见性 区域中的 🖳模具显示 按钮,此时系统弹出如图 5-30 所示的"遮蔽和取消遮蔽"对话框(一)。

(2) 遮蔽坯料和模具元件。

① 在"遮蔽和取消遮蔽"对话框(一)左边的"可见元件"列表中,按住 Ctrl 键,选择参考零件和坯料。

② 单击"遮蔽和取消遮蔽"对话框(一)下部的 遮蔽 按钮。

(3) 遮蔽分型面。

① 在"遮蔽和取消遮蔽"对话框(一)右边的"过滤"区域中单击 🔾分型面 按钮,此时弹出"遮蔽和取消遮蔽"对话框(二),如图 5-31 所示。

图 5-30　"遮蔽和取消遮蔽"对话框(一)

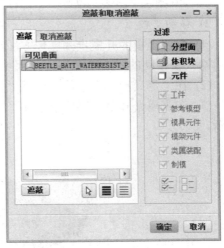

图 5-31　"遮蔽和取消遮蔽"对话框(二)

② 单击"遮蔽和取消遮蔽"对话框(二)"可见曲面"列表下方的 ☰ 图标。

③ 单击"遮蔽和取消遮蔽"对话框(二)下部的 遮蔽 按钮。

(4) 单击"遮蔽和取消遮蔽"对话框(二)下部的 确定 按钮。

7. 开模

1) 移动上模

(1) 选择"模具"命令选项卡 分析▾ 区域中的"模具开模"命令按钮 ⬒,此时系统弹出"菜单管理器"菜单。

(2) 在"菜单管理器"菜单中选择 定义步骤 命令，在系统弹出的 ▼定义步骤 下拉菜单中选择 定义移动 命令。

(3) 用"列表选取"的方法选取要移动的模具元件。在系统消息区 ⇨为迁移号码1 选择构件。 的信息提示下选取上模，在"选取"对话框中单击 确定 按钮。

(4) 在系统消息区 ⇨通过选择边、轴或面选择分解方向。 的信息提示下，选取如图 5-32 所示的边线为移动方向，然后在系统 输入沿指定方向的位移 的信息提示下输入要移动的距离"−20"，并按回车键。

(5) 在"定义步骤"菜单中，选择"完成"命令。完成移动上模后，模型如图 5-33 所示。

图 5-32　选取移动方向

图 5-33　移动上模

2) 移动下模

(1) 参照上模的开模步骤操作方法选取下模。选取如图 5-32 所示的边线为移动方向，然后输入要移动的距离"20"。

(2) 在"定义步骤"菜单中选择"完成"命令，完成下模的移动。

(3) 在"模具开模"菜单中选择"完成/返回"命令，完成开模后的模具模型如图 5-34 所示。

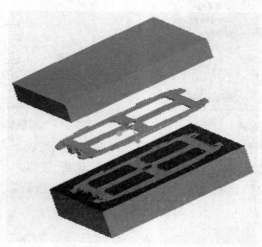

图 5-34　完成开模后的模具模型

5.2　裙边法设计分型面

5.2.1　裙边法实例(一)

下面以如图 5-35 所示的模具为例，说明采用裙边法设计分型面的一般操作过程。

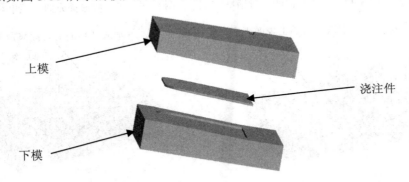

图 5-35　实例(一)

1．打开模具模型

设置工作目录，然后打开文件 beetle_single_pcb_mold.asm。

2．创建分型面

下面将创建如图 5-36 所示的分型面，以分离模具上模和下模。

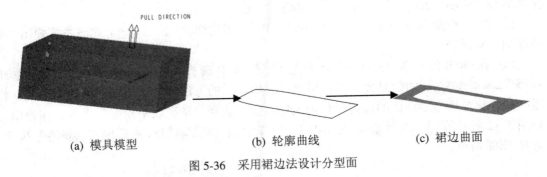

(a) 模具模型　　　　　　(b) 轮廓曲线　　　　　(c) 裙边曲面

图 5-36　采用裙边法设计分型面

1) 创建轮廓曲线

(1) 单击"模具"命令选项卡 设计特征 区域中的"轮廓曲线"按钮 ⬢，此时系统弹出如图 5-37 所示的"轮廓曲线"对话框。

(2) 定义光线投影的方向。在如图 5-38 所示的 ▼ 一般选择方向 菜单中选择 平面 命令；然后在 ➡ 选择将垂直于此方向的平面 的信息提示下，选取如图 5-39 所示的坯料表面，接受图中的箭头方向为投影方向，单击 确定 按钮。

(3) 单击"轮廓曲线"对话框中的 预览 按钮，预览所创建的轮廓曲线(见图 5-40)，然后单击 确定 按钮完成操作。

图 5-37 "轮廓曲线"对话框

图 5-38 "一般选择方向"菜单

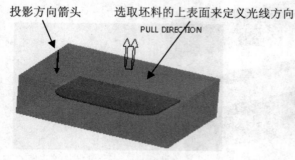

图 5-39 选取平面

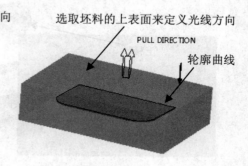

图 5-40 轮廓曲线

(4) 选择(完成/返回)命令。

2) 采用裙边法设计分型面

(1) 单击"模具"命令选项卡 分型面和模具体积块 ▼ 区域中的"分型面"按钮 📖 ，此时系统弹出 "分型面"操控板。

(2) 单击"分型面"操控板 控制 区域中的 📑 按钮，在弹出的"属性"文本框中输入分型面名称"single_pcb_ps"，然后单击 确定 按钮。

(3) 单击 *分型面* 功能选项卡 曲面设计 ▼ 中的"裙边曲面"按钮 📥 ，此时系统弹出"裙边曲面"对话框。

(4) 在弹出的如图 5-41 所示的 ▼ 链 菜单中选择 特征曲线 命令；然后在系统 ➡选择包含曲线的特征。 的信息提示下，用"列表拾取"的方法选取前面创建的轮廓曲线：将鼠标指针移至模型中曲线的位置后单击鼠标右键，选择"从列表中拾取"命令。在弹出的如图 5-42 所示的 从列表中拾取 对话框中选取 F7(SILH_CURVE_1) 项，然后单击 确定(0) 按钮，选择 完成 命令。

图 5-41 "链"菜单

图 5-42 "从列表中拾取"对话框

（5）在"裙边曲面"对话框中单击 预览 按钮，预览所创建的分型面，然后单击 确定 按钮完成操作。

（6）在"分型面"工具栏中单击"完成"按钮 ✔，完成分型面的创建。

3．用分型面创建上下两个体积块

（1）选择 模具 功能选项卡 分型面和模具体积块 ▾ 区域中的 模具体积块 ▾ 按钮 ◁，在下拉菜单中选择 🗐 体积块分割 命令。

（2）在系统弹出的 ▾ 分割体积块 菜单中依次选择 两个体积块 → 所有工件 → 完成 命令，此时系统弹出"分割"对话框。

（3）在系统 ⇨ 为分割工件选择分型面。 的信息提示下选取分型面，然后单击"选取"对话框中的 确定 按钮。

（4）在"分割"对话框中单击 确定 按钮。

（5）系统弹出"属性"对话框，同时坯料中的下侧部分变亮，在该对话框中输入名称"lower_vol"，然后单击 确定 按钮。

（6）系统再次弹出"属性"对话框，同时坯料中的上侧部分变亮，输入名称"upper_vol"，然后单击 确定 按钮。

4．抽取模具元件

（1）选择 模具 功能选项卡 元件 ▾ 区域中的 模具元件 ▾ 按钮，在下拉菜单中选择 🔧 型腔镶块 命令。

（2）在弹出的"创建模具元件"对话框中单击"选择所有体积块"命令按钮 ☰，选择所有体积块，然后单击 确定 按钮，并单击两次 ✔ 按钮。

5．生成浇注件

（1）选择"模具"命令选项卡 元件 ▾ 区域中的 🐿创建铸模 命令。

（2）在如图 5-43 所示的系统提示文本框中输入浇注件的零件名称"beetle_single_pcb_molding"，并单击两次 ✔ 按钮。

输入零件 名称 [PRT0001]：

beetle_single_pcb_molding

图 5-43　系统提示文本框

6．隐藏分型面、坯料和模具元件

（1）选择"视图"命令选项卡 可见性 区域中的 🖼模具显示 按钮，此时系统弹出如图 5-44所示的"遮蔽和取消遮蔽"对话框(一)。

（2）遮蔽坯料和模具元件。

① 在"遮蔽和取消遮蔽"对话框(一)左边的"可见元件"列表中，按住 Ctrl 键，选择参考零件和坯料。

② 单击"遮蔽和取消遮蔽"对话框(一)下部的 遮蔽 按钮。

（3）遮蔽分型面。

① 在"遮蔽和取消遮蔽"对话框(一)右边的"过滤"区域中按下 🎩 分型面 按钮，此

时弹出"遮蔽和取消遮蔽"对话框(二),如图 5-45 所示。

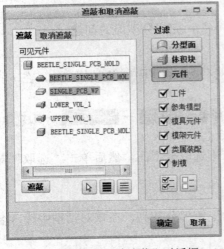
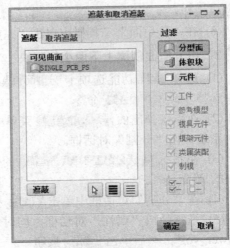

图 5-44　"遮蔽和取消遮蔽"对话框(一)　　　　图 5-45　"遮蔽和取消遮蔽"对话框(二)

② 单击"遮蔽和取消遮蔽"对话框(二)"可见曲面"列表下方 ▤ 按钮。

③ 单击"遮蔽和取消遮蔽"对话框(二)下部的 遮蔽 按钮。

(4) 单击"遮蔽和取消遮蔽"对话框(二)下部的 确定 按钮。

7. 定义开模动作

1) 移动上模

(1) 选择"模具"命令选项卡 分析▼ 区域中的"模具开模"命令按钮 ,在系统弹出的"菜单管理器"菜单中选择 定义步骤 命令,然后在系统弹出的 ▼定义步骤 下拉菜单中选择 定义移动 命令。

(2) 用"列表选取"的方法选取要移动的模具元件。在系统消息区 ⇨为迁移号码1选择构件。 的信息提示下选取上模,在"选取"对话框中单击 确定 按钮。

(3) 在系统消息区 ⇨通过选择边、轴或面选择分解方向。 的信息提示下,选取如图 5-46(a)所示的边线为移动方向,然后在系统 输入沿指定方向的位移 的信息提示下,输入要移动的距离"−2",并按回车键。

(4) 在"定义步骤"菜单中选择"完成"命令。移动上模后,模型如图 5-46(b)所示。

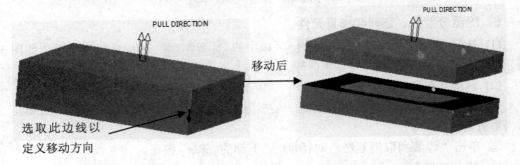

(a) 选取边线移动方向　　　　　　　　(b) 移动上模后模型

图 5-46　移动上模

2) 移动下模

(1) 参照上模的开模步骤操作方法选取下模。选取如图 5-46 所示的边线为移动方向，然后输入要移动的距离"2"。

(2) 在"定义步骤"菜单中选择"完成"命令，完成下模的移动。

(3) 在"模具开模"菜单中选择"完成/返回"命令，完成后的模具模型如图 5-47 所示。

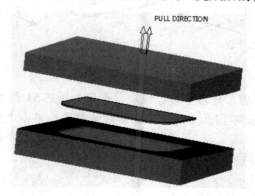

图 5-47　移动下模

※创建"束子"特征

考虑到上模与下模加工的方便性，此实例(一)可在创建裙边曲面的基础上创建"束子"特征，从而创建不同的分型面。

1. 在裙边曲面上创建"束子"特征并创建分型面

1) 定义"束子"特征的轮廓

(1) 在如图 5-48 所示的"裙边曲面"对话框(一)中单击 预览 按钮，预览先前所创建的分型面后，再在如图 5-48 所示的对话框中双击"关闭扩展"元素。

(2) 在如图 5-49 所示的"关闭延伸"菜单中依次选择 边界 → 草绘 命令。

图 5-48　"裙边曲面"对话框(一)　　　　　图 5-49　"关闭延伸"菜单

(3) 设置草绘平面。在弹出的 ▼ 设置草绘平面 菜单中选择 新设置 命令，在系统 ➡选择或创建一个草绘平面。的信息提示下，选取如图 5-50 所示的坯料表面为草绘平面，选择 确定 右 命令，再选取如图 5-50 所示的坯料表面为参照平面。

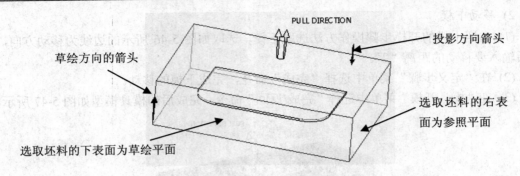

图 5-50　定义草绘平面

(4) 绘制"束子"轮廓。进入草绘环境后，选取如图 5-51 所示的两条边为草绘参照，绘制如图 5-51 所示的截面草图。完成特征截面的绘制后，单击"草绘完成"按钮✔。

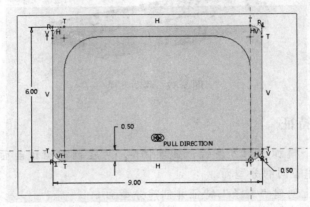

图 5-51　截面草图

2) 创建基准平面 ADTM1

创建如图 5-52 所示的基准平面 ADTM1，该基准平面将在后面作为"束子"终止平面的参照平面。

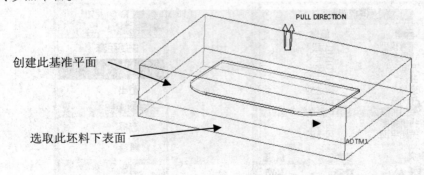

图 5-52　创建基准平面 ADTM1

(1) 单击 **模具** 功能选项卡 基准▾ 区域中的创建基准平面按钮 ▱ 。

(2) 系统弹出"基准平面"对话框，选取坯料的下表面为参照平面，然后输入偏移值为 −1。

(3) 单击"基准平面"对话框中的 确定 按钮。

3) 定义"束子"的拔模角度

(1) 在如图 5-53 所示的"裙边曲面"对话框(二)中双击 拔模角度 元素。

(2) 在系统 输入拔模角值 的信息提示下，输入拔模角度为 15。

4) 定义"束子"的终止平面

(1) 在如图 5-54 所示的"裙边曲面"对话框(三)中双击关闭平面 元素。

图 5-53　"裙边曲面"对话框(二)

图 5-54　"裙边曲面"对话框(三)

(2) 系统弹出如图 5-55 所示的 ▼ 加入删除参考 菜单，在系统 ➡选择一切断平面。 的信息提示下，选取上一步创建的 ADTM1 为参照平面。

(3) 在 ▼ 加入删除参考 菜单中选择 完成/返回 命令。

5) 形成最终的分型面

(1) 单击"裙边曲面"对话框中的 预览 按钮，预览所创建的分型面(见图 5-56)，然后单击 确定 按钮完成操作。

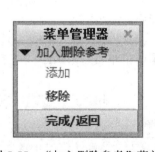

图 5-55　"加入删除参考"菜单

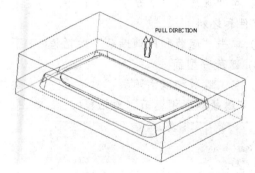

图 5-56　分型面

(2) 在"分型面"选项卡中单击"完成"按钮 ✔，完成分型面的创建。

2．用分型面创建上下两个体积块

(1) 选择 **模具** 功能选项卡 分型面和模具体积块 ▾ 区域中的 模具体积块 按钮 ，在下拉菜单中选择 体积块分割 命令。

(2) 在系统弹出的 ▼ 分割体积块 菜单中，依次选择 两个体积块 → 所有工件 → 完成 命令，此时系统弹出"分割"对话框。

(3) 在系统 ➡为分割工件选择分型面。 的信息提示下选取分型面，然后单击"选取"对话框中的 确定 按钮。

(4) 在"分割"对话框中单击 确定 按钮。

(5) 系统弹出"属性"对话框，同时坯料中下侧部分变亮，采用系统默认的名称，单击 **确定** 按钮。

(6) 系统再次弹出"属性"对话框，同时坯料中上侧的部分变亮，采用系统默认的名称，单击 **确定** 按钮。

3. 抽取模具元件

(1) 选择 **模具** 功能选项卡 **元件▼** 区域中的 **模具元件** 按钮，在下拉菜单中选择 🔲 **型腔镶块** 命令。

(2) 在弹出的"创建模具元件"对话框中单击"选择所有体积块"命令按钮 ▤，选择所有体积块，然后单击 **确定** 按钮，并单击两次 ✔ 按钮。

4. 生成浇注件

(1) 选择"模具"命令选项卡 **元件▼** 区域中的 ⬡ **创建铸模** 命令。

(2) 在如图 5-57 所示的系统提示文本框中输入浇注件的零件名称"beetle_single_pcb_molding"并单击两次 ✔ 按钮。

输入零件 名称 [PRT0001]:

beetle_single_pcb_molding

图 5-57　系统提示文本框

5. 遮蔽分型面、坯料及模具元件

(1) 选择"视图"命令选项卡 **可见性** 区域中的 🔳 **模具显示** 按钮，此时系统弹出如图 5-58 所示的"遮蔽和取消遮蔽"对话框(一)。

(2) 遮蔽坯料和模具元件。

① 在"遮蔽和取消遮蔽"对话框(一)左边的"可见元件"列表中，按住 Ctrl 键，选择参考零件和坯料。

② 单击"遮蔽和取消遮蔽"对话框(一)下部的 **遮蔽** 按钮。

(3) 遮蔽分型面。

① 在"遮蔽和取消遮蔽"对话框(一)右边的"过滤"区域中单击 ◫ **分型面** 按钮，此时弹出"遮蔽和取消遮蔽"对话框(二)，如图 5-59 所示。

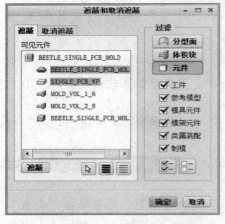

图 5-58　"遮蔽和取消遮蔽"对话框(一)　　　　图 5-59　"遮蔽和取消遮蔽"对话框(二)

② 单击"遮蔽和取消遮蔽"对话框(二)"可见曲面"列表下方 ▤ 按钮。

③　单击"遮蔽和取消遮蔽"对话框(二)下部的　遮蔽　按钮。

(4)　单击"遮蔽和取消遮蔽"对话框(二)下部的　确定　按钮。

6．定义开模动作

1) 移动上模

(1)　选择"模具"命令选项卡 分析▾ 区域中的"模具开模"命令按钮，在系统弹出的"菜单管理器"菜单中选择 定义步骤 命令，在系统弹出的 ▾定义步骤 下拉菜单中选择 定义移动 命令。

(2)　用"列表选取"的方法选取要移动的模具元件。在系统消息区 ⇨为迁移号码1 选择构件。的信息提示下选取上模，在"选取"对话框中单击 确定 按钮。

(3)　在系统消息区 ⇨通过选择边、轴或面选择分解方向。的信息提示下，选取如图 5-60(a)所示的边线为移动方向，然后在系统 输入沿指定方向的位移 的信息提示下，输入要移动的距离"-2"，并按回车键。

(4)　在"定义步骤"菜单中，选择"完成"命令。移动上模后，模型如图5-60(b)所示。

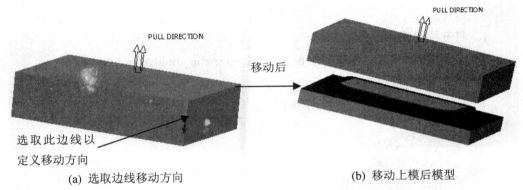

　　(a) 选取边线移动方向　　　　　　　　　　(b) 移动上模后模型

图 5-60　移动上模

2) 移动下模

(1)　参照上模的开模步骤操作方法选取下模。选取图 5-60 所示的边线为移动方向，然后输入要移动的距离"2"。

(2)　在"定义步骤"菜单中选择"完成"命令，完成下模的移动。

(3)　在"模具开模"菜单中选择"完成/返回"命令，完成后的模具模型如图 5-61 所示。

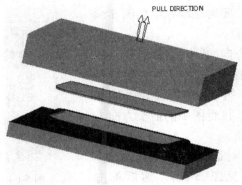

图 5-61　移动下模

5.2.2 裙边法实例(二)

如图 5-62 所示的模具分型面是采用裙边法设计的，下面说明其操作过程。

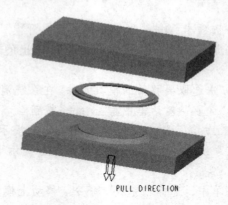

图 5-62　实例(二)

1. 打开模具模型

设置工作目录，然后打开文件 beetle_lcd_cosmetic_mold.asm。

2. 创建分型面

下面将创建如图 5-63 所示的分型面，以分离模具的上模型腔和下模型腔。

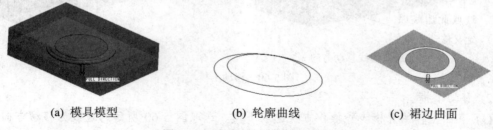

(a) 模具模型　　　　　　　　(b) 轮廓曲线　　　　　　　(c) 裙边曲面

图 5-63　采用裙边法设计分型面

1) 创建轮廓曲线

(1) 单击"模具"命令选项卡 设计特征 区域中
的"轮廓曲线"按钮 ⬡，此时系统弹出如图 5-64
所示的"轮廓曲线"对话框。

(2) 定义光线投影的方向。在如图 5-65 所示的
▼ 一般选择方向 菜单中选择 平面 命令；然后在
➡ 选择将垂直于此方向的平面。 的信息提示下，选取如
图 5-66 所示的坯料表面，接受图中的箭头方向为
投影方向，单击 确定 按钮。

(3) 单击"轮廓曲线"对话框中的 预览 按钮，
预览所创建的轮廓曲线(见图 5-66)，然后单击
确定 按钮完成操作。

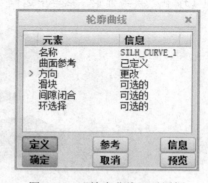

图 5-64　"轮廓曲线"对话框

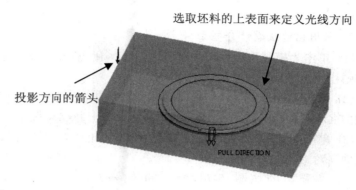

图 5-65　"一般选择方向"菜单　　　　　　　　　图 5-66　选取平面

（4）在"模型树"导航栏右键单击 ▶ ⊜ BEETLE_LCD_COSMETIC_MOLD_REF.PRT，在弹出的快捷菜单中单击 遮蔽 选项，完成对参照件的遮蔽。同参照件遮蔽，完成对坯料 ▶ ⊜ BEETLE_LCD_COSMETIC_WP.PRT 的遮蔽。

（5）在轮廓曲线中选取所需的链。在如图 5-64 所示的"轮廓曲线"对话框中双击 环选择 元素，在弹出的如图 5-67 所示的"环选择"对话框中选择 链 选项卡，然后在列表中选取 上部 按钮(此时如图 5-68 所示的链变亮)，单击 下部 按钮(此时如图 5-69 所示的链变亮)，单击 确定 按钮。

图 5-67　"环选择"对话框

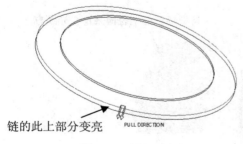

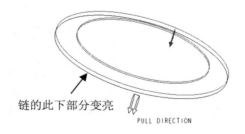

图 5-68　链 1-1(上部)　　　　　　　　　图 5-69　链 1-1 (下部)

（6）单击"轮廓曲线"对话框中的 预览 按钮预览所创建的轮廓曲线，然后单击 确定 按钮完成操作。

(7) 显示(去除遮蔽)参照件和坯料。

2) 采用裙边法设计分型面

(1) 单击"模具"命令选项卡 分型面和模具体积块▼ 区域中的"分型面"按钮 📖，此时系统弹出"分型面"操控板。

(2) 单击"分型面"操控板 控制 区域中的 🖻 按钮，在弹出的"属性"文本框中输入分型面名称"beetle_lcd_cosmetic_ps"，然后单击 确定 按钮。

(3) 单击 *分型面* 功能选项卡 曲面设计▼ 中的"裙边曲面"按钮 🛶，此时系统弹出"裙边曲面"对话框。

(4) 在弹出的如图 5-70 所示的 ▼ 链 菜单中选择 特征曲线 命令；然后在系统 ➡选择包含曲线的特征. 的信息提示下，用"列表拾取"的方法选取前面创建的轮廓曲线：将鼠标指针移至模型中曲线的位置单击鼠标右键，选择 从列表中拾取 命令；在弹出的如图 5-71 所示的"从列表中拾取"对话框中选取 F7(SILH_CURVE_1) 项，然后单击 确定(0) 按钮，选择 完成 命令。

图 5-70 "链"菜单

图 5-71 "从列表中拾取"对话框

(5) 定义光线投影方向。由于箭头的投影方向要向下，双击"裙边曲面"对话框中的方向元素，在 ▼ 一般选择方向 菜单中选择 平面 命令，然后在系统 ➡选择将垂直于此方向的平面. 的信息提示下选取如图 5-72 所示的坯料表面，选择 确定 命令，接受图 5-72 所示的箭头方向。

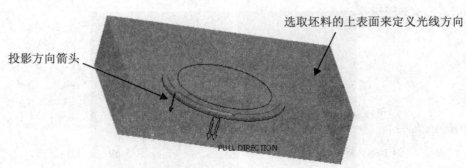

图 5-72 选取平面

(6) 在"裙边曲面"对话框中单击 **预览** 按钮，预览所创建的分型面(见图 5-73)，然后单击 **确定** 按钮完成操作。

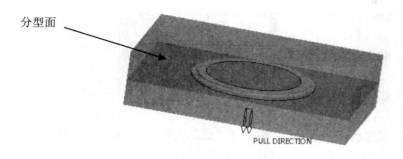

图 5-73　预览分型曲面

(7) 在"分型面"工具栏中单击"完成"按钮 ✔，完成分型面的创建。

3．用分型面创建上下两个体积块

(1) 选择 **模具** 功能选项卡 分型面和模具体积块 ▾ 区域中的 模具体积块 按钮 ⬦，在下拉菜单中选择 🗄 体积块分割 命令。

(2) 在系统弹出的 ▼ 分割体积块 菜单中依次选择 两个体积块 → 所有工件 → 完成 命令，此时系统弹出"分割"对话框。

(3) 在系统 ⇨ 为分割工件选择分型面。 的信息提示下选取分型面，然后单击"选取"对话框中的" **确定** "按钮。

(4) 在"分割"对话框中单击 **确定** 按钮。

(5) 系统弹出"属性"对话框，同时坯料中的下侧部分变亮，在该对话框中输入名称"lower_vol"，然后单击 **确定** 按钮。

(6) 系统再次弹出"属性"对话框，同时坯料中的上侧部分变亮，输入名称"upper_vol"，然后单击 **确定** 按钮。

4．抽取模具元件

(1) 选择 **模具** 功能选项卡 元件 ▾ 区域中的 模具元件 按钮，在下拉菜单中选择 ⚓ 型腔镶块 命令。

(2) 在弹出的"创建模具元件"对话框中单击"选择所有体积块"命令按钮 ▤，选择所有体积块，然后单击 **确定** 按钮，并单击两次 ✔ 按钮。

5．生成浇注件

(1) 选择"模具"命令选项卡 元件 ▾ 区域中的 🍳创建铸模 命令。

(2) 在如图 5-74 所示的系统提示文本框中输入浇注件的零件名称"beetle_lcd_cosmetic_molding"，并单击两次 ✔ 按钮。

图 5-74　系统提示文本框

6. 遮蔽分型面、坯料及模具元件

(1) 选择"视图"命令选项卡 可见性 区域中的 模具显示 按钮，此时系统弹出如图 5-75 所示的"遮蔽和取消遮蔽"对话框(一)。

(2) 遮蔽坯料和模具元件。

① 在"遮蔽和取消遮蔽"对话框(一)左边的"可见元件"列表中，按住 Ctrl 键，选择参考零件和坯料。

② 单击"遮蔽和取消遮蔽"对话框(一)下部的 遮蔽 按钮。

(3) 遮蔽分型面。

① 在"遮蔽和取消遮蔽"对话框(一)右边的"过滤"区域中单击 分型面 按钮，此时弹出"遮蔽和取消遮蔽"对话框(二)，如图 5-76 所示。

图 5-75　"遮蔽和取消遮蔽"对话框(一)　　　图 5-76　"遮蔽和取消遮蔽"对话框(二)

② 单击"遮蔽和取消遮蔽"对话框(二)"可见曲面"列表下方的 按钮。

③ 单击"遮蔽和取消遮蔽"对话框(二)下部的 遮蔽 按钮。

(4) 单击"遮蔽和取消遮蔽"对话框(二)下部的 确定 按钮。

7. 定义开模动作

1) 移动上模

(1) 选择"模具"命令选项卡 分析 区域中的"模具开模"命令按钮 ，在系统弹出的"菜单管理器"菜单中选择 定义步骤 命令，在系统弹出的 定义步骤 下拉菜单中选择 定义移动 命令。

(2) 用"列表选取"的方法选取要移动的模具元件。在系统消息区 为迁移号码1选择构件。的信息提示下选取上模，在"选取"对话框中单击 确定 按钮。

(3) 在系统消息区 通过选择边、轴或面选择分解方向。的信息提示下，选取如图 5-77(a)所示的边线为移动方向，然后在系统 输入沿指定方向的位移 的信息提示下，输入要移动的距离"−15"，并按回车键。

(4) 在"定义步骤"菜单中，选择"完成"命令。移动上模后，模型如图 5-77(b)所示。

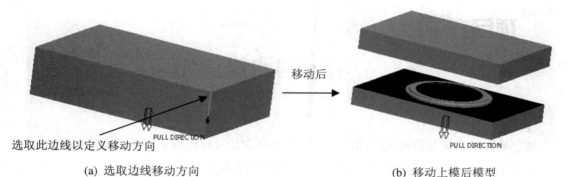

(a) 选取边线移动方向   (b) 移动上模后模型

图 5-77 移动上模

2) 移动下模

(1) 参照上模的开模步骤操作方法选取下模。选取如图 5-77 所示的边线为移动方向，然后输入要移动的距离"15"。

(2) 在"定义步骤"菜单中选择"完成"命令，完成下模的移动。

(3) 在"模具开模"菜单中选择"完成/返回"命令，完成后的模具模型如图 5-78 所示。

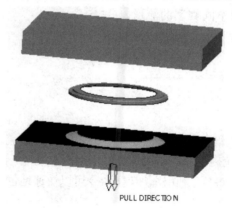

图 5-78 移动下模

思考与练习 ✦✦✦✦✦✦✦✦✦✦

1. 简述阴影法设计分型面的过程。

2. 简述裙边法设计分型面的过程。

3. 试述轮廓曲线的特点及作用。

4. 试述在采用"曲面复制"方法复制的模型表面边界面是由多个曲面组成，在选取"边界面"的过程中需要注意什么。

项目六

流道与水线设计

【内容导读】

流道和水线是模具的重要结构。Creo 4.0 模具设计模块提供了设计流道和水线的专用命令和功能。下面将通过产品实例的形式，详细讲解流道和水线的设计过程。

【知识目标】

- 了解流道的不同类型及参数。
- 掌握流道创建的一般过程。
- 了解水线的功能及作用。
- 掌握创建水线的一般过程。

【能力目标】

- 能够根据要求选用不同类型的流道。
- 能够根据结构设计要求完成水线设计。

相关知识 ✦✦✦✦✦✦✦✦✦✦

1. 流道设计

在前面的项目中都是用切削的方法创建流道的，这种创建流道的方法比较繁琐。其实在 Creo 4.0 的模具模块中，系统提供了建立流道的专用命令和功能，该命令就是位于 **模具** 功能选项卡中的 ✳ 流道 命令(见图 6-1)，利用 ✳ 流道 命令可以快速地创建所需要的标准流道几何。

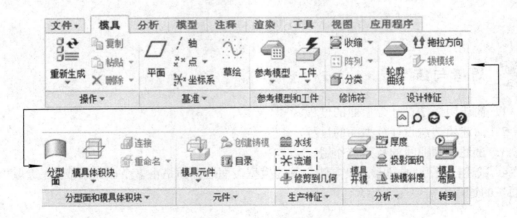

图 6-1　"模具"选项卡

选择流道命令后，系统弹出如图 6-2 所示的"流道"对话框及"形状"菜单，其中"形状"菜单提供了五种类型的流道，分别为"倒圆角"、"半倒圆角"、"六边形"、"梯形"及"圆角梯形"，这五种类型的流道几何形状如图 6-3 所示。

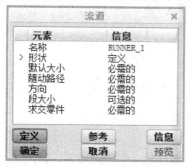

图 6-2　"流道"对话框及"形状"菜单

(a) 倒圆角　　(b) 半倒圆解　　(c) 六边形　　(d) 梯形　　(e) 圆角梯形

图 6-3　流道形状类型

五种流道所需要定义的截面参数说明如下：

(1) 倒圆角：只需给定流道直径，如图 6-4 所示。

(2) 半倒圆角：与倒圆角相同，也只需给定流道直径，如图 6-5 所示。

图 6-4　"倒圆角"流道截面参数　　　　　图 6-5　"半倒圆角"流道截面参数

(3) 六边形：只需给定流道宽度，如图 6-6 所示。

(4) 梯形：梯形流道的截面参数较多，需给定流道宽度、流道深度、流道侧角度及流道拐角半径，如图 6-7 所示。

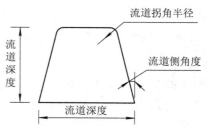

图 6-6　"六边形"截面参数　　　　　图 6-7　"梯形"流道截面参数

(5) 圆角梯形：需给定流道直径及流道角度，如图 6-8 所示。

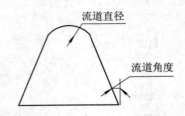

图 6-8   "圆角梯形"流道截面参数

创建流道的一般过程如下：

(1) 单击 模具 功能选项卡 生产特征▾ 区域的 ✕ 流道 按钮，此时系统弹出"流道"对话框和"形状"菜单管理器。

(2) 定义流道名称(可选)。系统会默认流道名称为 RUNNER_1、RUNNER_2 等，如果用户要修改其名称，则可在"流道"对话框中双击流道 名称 进行修改，如图 6-9 所示。

(3) 在系统弹出的"形状"菜单管理器中选择所需要的流道类型。

(4) 根据所选取的流道类型，在系统提示下输入所需的截面参数尺寸。

(5) 在草绘环境中绘制流道的路径，然后退出草绘环境。

(6) 定义相交元件。在如图 6-10 所示的"相交元件"对话框中单击 自动添加(A) 按钮，选中 ☑ 自动更新(U) 复选项，在确认相交元件选取之后，单击该对话中的 确定(O) 按钮。

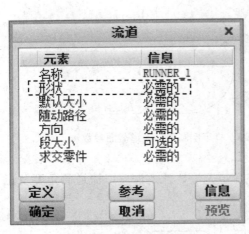

图 6-9   "流道"对话框

图 6-10   "相交元件"对话框

2. 水线设计

水线是控制和调节模具温度的结构，它实际上是由模具中的一系列孔组成的环路，在孔环路中注入冷却介质——水(也可以是油或压缩空气)，可以将注射成型过程中产生的大量热量迅速导出，使塑料熔融物以较快的速度冷却、固化。

Creo 4.0 的模具模块提供了建立水线的专用命令和功能，利用此功能可以快速地构建出所需要的水线环路。当然，与流道一样，水线也可以使用切削的方法来创建，但是远不如用水线专用命令有效。

水线专用命令就是位于 **模具** 功能选项卡 生产特征▼ 区域中的 ☷ 水线 命令，如图 6-11 所示。

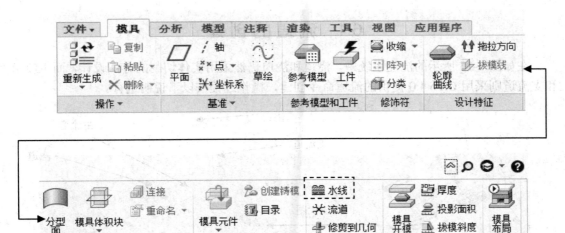

图 6-11 菜单管理器

水线的截面形状为圆形，使用水线专用命令创建水线结构的一般过程如下：

(1) 选择命令。单击 **模具** 功能选项卡 生产特征▼ 区域中的 ☷ 水线 命令按钮，此时系统弹出"水线"对话框，如图 6-12 所示。

(2) 定义水线名称(可选)。系统会自动将水线默认命名为 WATERLING_1、WATERLING_2 等，用户如果要修改其名称，则可在"水线"对话框中双击"名称"元素进行修改，如图 6-12 所示。

双击此处的水线
名称元素，可对水
线名称进行修改

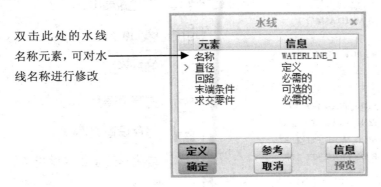

图 6-12 "水线"对话框

(3) 输入水线的截面直径。

(4) 在草绘环境中绘制水线的回路路径，然后退出草绘环境。

(5) 定义相交元件。在系统弹出的"相交元件"对话框中单击 自动添加(A) 按钮，选中 ☑自动更新(U) 复选项，在确认相交元件选取之后，单击该对话中的 确定(O) 按钮。

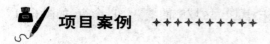
项目案例 ++++++++++

6.1 流道的创建

在如图 6-13 所示的浇注系统中，浇道和浇口仍然采用实体切削的方法设计，而主流道和支流道则采用 Creo 4.0 提供的流道命令创建，操作过程按以下说明进行。

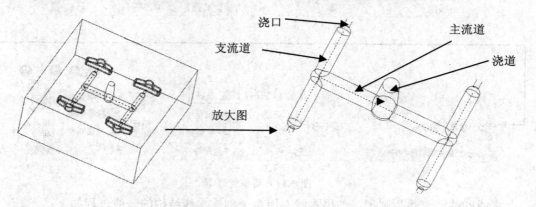

图 6-13　浇注系统

1．设置模型树的过滤器

(1) 在如图 6-14 所示的模型树界面中选择 ▼→ 树过滤器(F)... 命令。

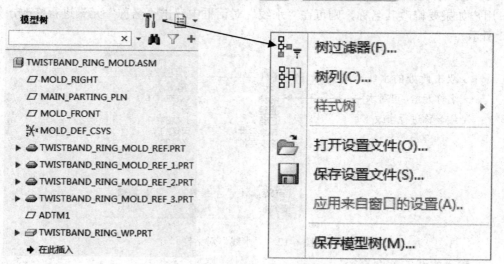

图 6-14　模型树界面

(2) 在弹出的"模型树项"对话框中选中 ☑ 特征 、☑ 隐含的对象 复选框，并单击 确定 按钮，如图 6-15 所示。

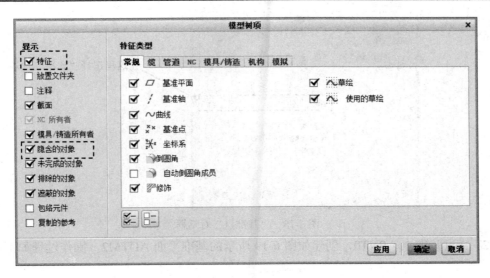

图 6-15　"模型树项"对话框

2. 创建三个基准平面

1) 创建基准平面 ADTM2

创建如图 6-16 所示的第一个基准平面 ADTM2。

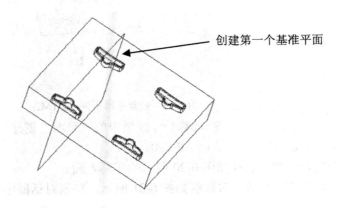

图 6-16　创建第一个基准平面

(1) 创建如图 6-17 所示的基准点 APNT0。

① 单击 **模具** 功能选项卡 基准▾ 区域中的基准点创建按钮 ××点 ▾ 。

② 在图 6-17 中选取 ▶ ◉ TWISTBAND_RING_MOLD_REF_1.PRT 参照模型外圆弧上圆弧线的边线。

③ 在如图 6-18 所示的"基准点"对话框中，先选择基准点的定位方式 比率 ▾ ，然后在左边的文本框中输入基准点的定位数值，即"比率系数"为 0.5。

④ 在"基准点"对话框中单击 确定 按钮。

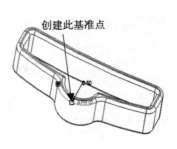

图 6-17　创建基准点 APNT0

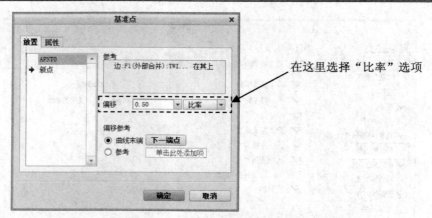

图 6-18　"基准点"对话框

（2）穿过基准点 APNT0，创建如图 6-19 所示的基准平面 ADTM2，操作过程如下：

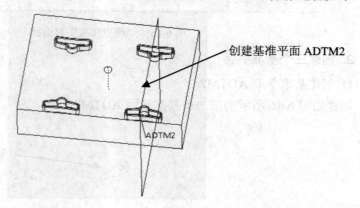

图 6-19　创建基准平面 ADTM2

① 单击 **模具** 功能选项卡 基准▼ 区域中的"平面"创建按钮 ▢。

② 在图 6-20 中选取基准点 APNT0。

③ 按住 Ctrl 键，选择如图 6-20 所示的坯料表面。

④ 此时"基准平面"对话框如图 6-21 所示，在该对话框中单击 **确定** 按钮。

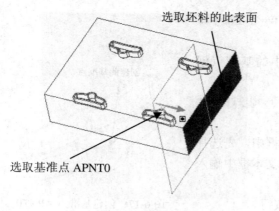

图 6-20　操作过程

图 6-21　"基准平面"对话框

2）创建基准平面 ADTM3

创建如图 6-22 所示的第二个基准平面 ADTM3。

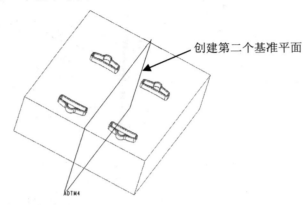

创建第二个基准平面

图 6-22　创建第二个基准平面

（1）创建如图 6-23 所示的基准点 APNT1。

① 单击 **模具** 功能选项卡 **基准 ▼** 区域中的基准点创建按钮 **×× 点 ▼**。

② 在图 6-24 中选取坯料的边线。

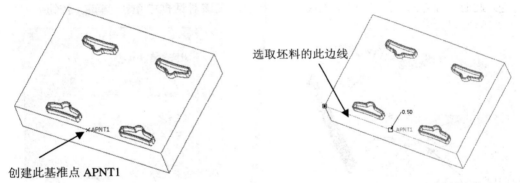

选取坯料的此边线

创建此基准点 APNT1

图 6-23　创建基准点 APNT1　　　　　　图 6-24　选取坯料的边线

③ 在如图 6-25 所示的"基准点"对话框中，先选择基准点的定位方式 比率 ▼ ，然后在左边的文本框中输入基准点的定位数值，即"比率系数"为 0.5。

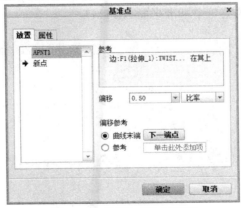

图 6-25　"基准点"对话框

④ 在"基准点"对话框中单击 确定 按钮。

(2) 穿过基准点 APNT1,创建如图 6-26 所示的基准平面 ADTM3,操作过程如下:

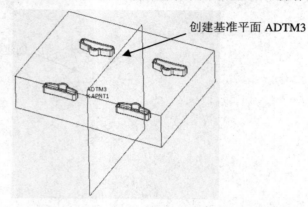

图 6-26　创建基准平面 ADTM3

① 单击 模具 功能选项卡 基准 ▾ 区域中的"平面"创建按钮 ▱。

② 在图 6-27 中选取基准点 APNT1。

③ 按住 Ctrl 键,选择如图 6-27 所示的坯料表面。

④ 此时"基准平面"对话框如图 6-28 所示,在该对话框中单击 确定 按钮。

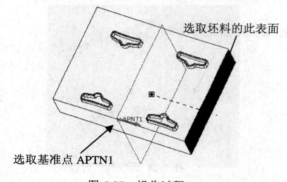

图 6-27　操作过程

图 6-28　"基准平面"对话框

3) 创建基准平面 ADTM4

创建如图 6-29 所示的第三个基准平面 ADTM4。

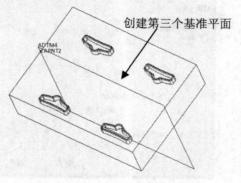

图 6-29　创建第三个基准平面

(1) 创建如图 6-30 所示的基准点 APNT2。

① 单击 模具 功能选项卡 基准▾ 区域中的基准点创建按钮 ※※ 点▾ 。

② 在图 6-31 中选取坯料的边线。

创建此基准点 APNT2

选取坯料的此边线

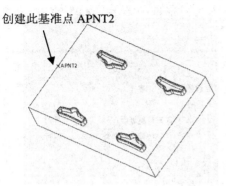

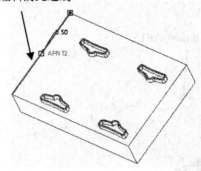

图 6-30　创建基准点 APNT2　　　　　　　　图 6-31　选取坯料的边线

③ 在如图 6-32 所示的"基准点"对话框中，先选择基准点的定位方式 比率 ▾ ，然后在左边的文本框中输入基准点的定位数值，即"比率系数"为 0.5。

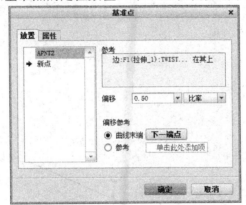

图 6-32　"基准点"对话框

④ 在"基准点"对话框中单击 确定 按钮。

(2) 穿过基准点 APNT2，创建如图 6-33 所示的基准平面 APTM4，操作过程如下：

创建基准平面 ADTM4

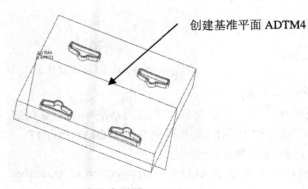

图 6-33　创建基准平面 ADTM4

① 单击 **模具** 功能选项卡 基准▾ 区域中的"平面"创建按钮▱。

② 在图 6-34 中选取基准点 APNT2。

③ 按住 Ctrl 键，选择如图 6-34 所示的坯料表面。

④ 此时"基准平面"对话框如图 6-35 所示，在该对话框中单击 **确定** 按钮。

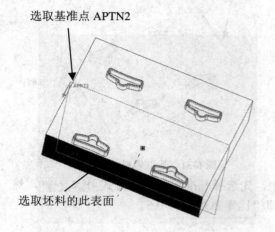

图 6-34　操作过程

图 6-35　"基准平面"对话框

3. 浇道的设计

设计如图 6-36 所示的浇道。

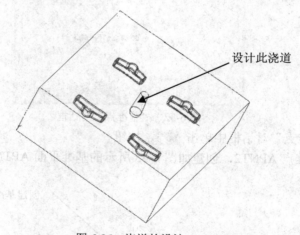

图 6-36　浇道的设计

1）隐藏基准平面

为了使屏幕简洁，可以将暂时不用的基准平面隐藏起来，操作方法如下：

（1）在如图 6-37 所示的模型树中右击 MOLD_RIGHT，然后从弹出的如图 6-38 所示的快捷菜单中选择 👁 隐藏 命令。

（2）用同样的方法隐藏 MAIN_PARTING_PLN 基准平面、MOLD_FRONT 基准平面和 ADTM2 基准平面。

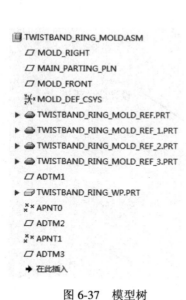

图 6-37 模型树　　　　　　　　　　　　图 6-38 快捷菜单

2) 创建浇道

(1) 单击 **模型** 功能选项卡 切口和曲面 ▾ 区域中的 旋转 按钮，此时出现"旋转"操控板。

(2) 选取旋转类型。在"旋转"操控板中，确认"实体"类型按钮 □ 被按下。

(3) 定义草绘截面放置属性。单击鼠标右键，从快捷菜单中选择 定义内部草绘… 命令。草绘平面为 ADTM4 基准平面，草绘平面的参考平面为 ADTM3 基准平面，草绘平面的参照方位为右。单击 草绘 按钮，进入截面草绘环境。

(4) 进入截面草绘环境后，选取 ADTM1 基准平面和如图 6-39 所示的坯料边线为草绘参照，绘制如图 6-39 所示的截面草图。完成特征截面的绘制后，单击"草绘"操控板中的"确定"按钮 ✔ 。

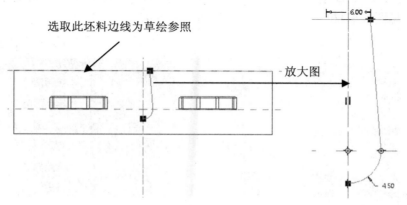

图 6-39 截面草图

(5) 特征属性。旋转角度类型为 ⊥，旋转角度为 360°。

(6) 单击"旋转"操控板中的 ✔ 按钮，完成特征的创建。

4．主流道的设计

设计如图 6-40 所示的主流道。

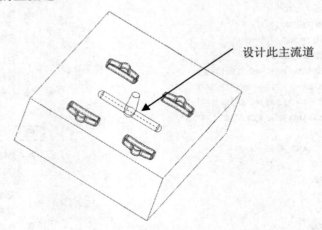

设计此主流道

图 6-40　主流道的设计

1) 隐藏和显示基准平面

为了使屏幕简洁，可以将暂时不用的基准平面隐藏起来，然后显示需要的基准平面，操作方法如下：

(1) 隐藏 ADTM4 基准平面。在模型树中右击 ADTM4，然后从弹出的快捷菜单中选择 ◈ 隐藏 命令。

(2) 显示基准平面。

① 显示 MOLD_RIGHT 基准平面。在模型树中右击 MOLD_RIGHT，然后从弹出的快捷菜单中选择 ◉ 取消隐藏 命令。

② 用同样的方法显示 ADTM1 基准平面。

2) 创建主流道

(1) 单击 **模具** 功能选项卡 生产特征▼ 区域中的 ⁂ 流道 按钮，此时系统弹出"流道"信息对话框(见图 6-41)和"形状"菜单管理器(见图 6-42)。

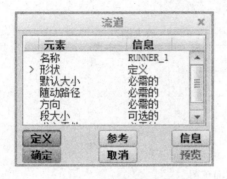

图 6-41　"流道"信息对话框

图 6-42　"形状"菜单管理器

(2) 在 ▼ 形状 菜单中选择 倒圆角 命令。

(3) 定义流道的直径。在系统 输入流道直径 的信息提示下，输入直径值为 6，然后按回车键。

(4) 在 ▼ 流道 菜单中选择 草绘路径 命令，在 ▼ 设置草绘平面 菜单中选择 新设置 命令。

(5) 草绘平面。在系统 ⇨ 选择或创建一个草绘平面。的信息提示下，选择如图 6-43 所示的 ADTM1 基准面为草绘平面。在 ▼ 方向 菜单中选择 确定 命令，即认可图 6-43 中的箭头方向为草绘的方向。在 ▼ 草绘视图 菜单中选择(默认)命令，系统进入草绘状态。

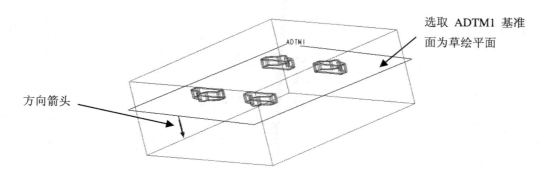

图 6-43 定义草绘平面

(6) 绘制截面草图。进入草绘环境后，选取 MOLD_RIGHT、ADTM2、ADTM3 基准面和 ADTM4 基准面为草绘参考；然后在 草绘 操控板 草绘 区域中单击 ╲线 ▾ 按钮，绘制如图 6-44 所示的截面草图(即一条中间线段)。完成特征截面的绘制后，单击 草绘 工具栏操控板中的"确定"按钮 ✔ 。

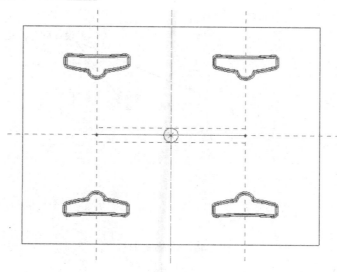

图 6-44 截面草图

(7) 定义相交元件。在系统弹出的如图 6-45 所示的"相交元件"对话框中单击 自动添加(A) 按钮，选中 ☑ 自动更新(U) 复选框，然后单击 确定(O) 按钮。

(8) 单击"流道"信息对话框中的 预览 按钮，再单击"重画命令"按钮 ▱，预览所创建的"流道"特征，然后单击 **确定** 按钮完成操作。

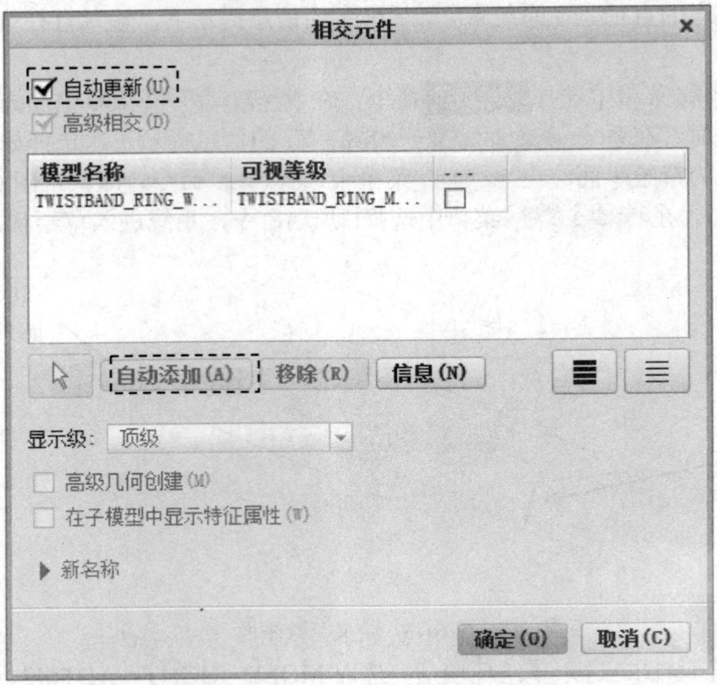

图 6-45 "相交元件"对话框

5. 分流道的设计

设计如图 6-46 所示的分流道。

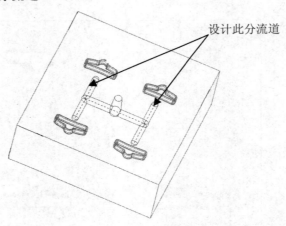

图 6-46 分流道的设计

(1) 选择 **模具** 功能选项卡 **生产特征▼** 区域中的 **⋇ 流道** 命令，此时系统弹出"流道"对话框和"形状"菜单管理器。

(2) 在"形状"菜单管理器的 **▼ 形状** 菜单中选择 **倒圆角** 命令。

(3) 定义流道的直径。在系统 **输入流道直径** 的信息提示下，输入直径值"5"，然后按回车键。

(4) 在弹出的 ▼ 流道 菜单中选择 草绘路径 命令，在 ▼ 设置草绘平面 菜单中选择 新设置 。

(5) 草绘平面。执行命令后，在系统 ⇨ 选择或创建一个草绘平面。 的信息提示下，选择如图 6-47 所示的 ADTM1 基准面为草绘平面。在 ▼ 方向 菜单中选择 确定 命令，即认可图 6-47 中的箭头方向为草绘的方向。在 ▼ 草绘视图 菜单中选择"右"命令，系统进入草绘状态。

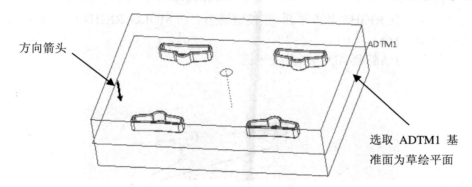

图 6-47 定义草绘平面

(6) 绘制截面草图。进入草绘环境后，选取 MOLD_RIGHT、ADTM2 和 ADTM4 基准面为草绘参照，然后在 *草绘* 操控板 草绘 区域中单击 ╲ 线 ▼ 按钮，绘制如图 6-48 所示的截面草图(即一条中间线段)。完成特征截面的绘制后，单击 *草绘* 工具栏操控板中的"确定"按钮 ✓ 。

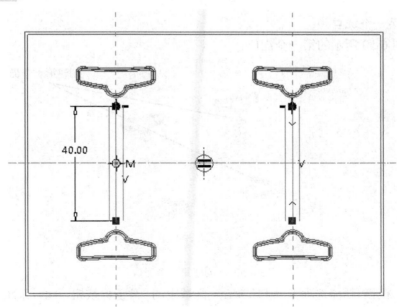

图 6-48 截面草图

(7) 定义相交元件。在"相交元件"对话框中选中 ☑ 自动更新(U) 复选框，然后单击 确定(0) 按钮。

(8) 单击"流道"信息对话框中的 预览 按钮，再单击"重画命令"按钮 ╱ ，预览所创建的"流道"特征，然后单击 确定 按钮完成操作。

6. 浇口的设计

设计如图 6-49 所示的浇口。

1) 隐藏和显示基准平面

为了使屏幕简洁，可以将暂时不用的基准平面隐藏起来，操作方法如下：

(1) 隐藏 MOLD_RIGHT 基准平面。在模型树中右击 MOLD_RIGHT,然后从弹出的快捷菜单中选择 隐藏 命令。

(2) 用同样的方法隐藏 ADTM4 基准平面。

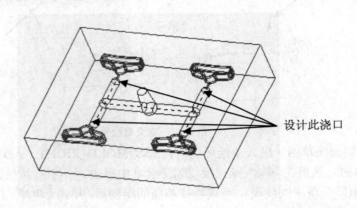

设计此浇口

图 6-49　浇口的设计

2) 创建第一个浇口

创建如图 6-50 所示的第一个浇口。

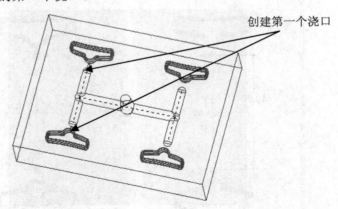

创建第一个浇口

图 6-50　创建第一个浇口

(1) 单击 **模型** 功能选项卡 切口和曲面 ▼ 区域中的 拉伸 按钮，此时系统出现"拉伸"操控板。

(2) 在"拉伸"操控板中，确认"实体"类型按钮 □ 被按下。

(3) 定义草绘属性。单击鼠标右键，从快捷菜单中选择 定义内部草绘... 命令，草绘平面为 ADTM4 基准平面，草绘平面的参照平面为如图 6-51 所示 MOLD_RIGHT 基准面，草绘平面的参照方位为右，选定图 6-51 箭头所示的方向，单击 **草绘** 按钮，系统进入截面草绘环境。

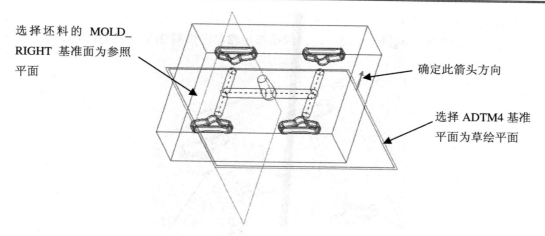

选择坯料的 MOLD_
RIGHT 基准面为参照
平面

确定此箭头方向

选择 ADTM4 基准
平面为草绘平面

图 6-51 定义草绘平面

(4) 进入截面草绘环境后，选择如图 6-52 所示的圆弧边线和 ADTM1 基准面为草绘参照，绘制第一个浇口的截面草图如图 6-52 所示。完成特征截面后，单击"草绘"操控板中的"确定"按钮 ✔ 。

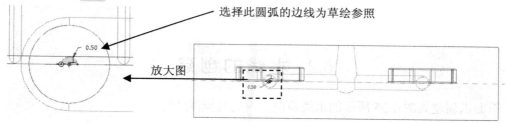

选择此圆弧的边线为草绘参照

放大图

图 6-52 截面草图

(5) 在"拉伸"操控板中单击 **选项** 按钮，在弹出的界面中，选取双侧的深度选项均为 **⊥ 到选定项** (至曲面)，然后选择如图 6-53 所示的参照零件的表面为左、右拉伸的终止面。

(6) 单击"拉伸"操控板中的 ✔ 按钮，完成特征的创建。

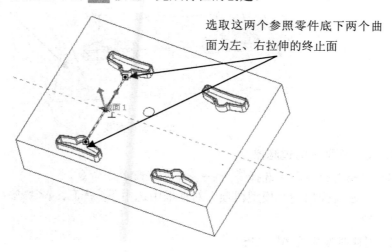

选取这两个参照零件底下两个曲
面为左、右拉伸的终止面

图 6-53 选取拉伸的终止面

3) 创建第二个浇口

创建如图 6-54 所示的第二个浇口，详细操作步骤参考步骤 2)第一个浇口的创建。

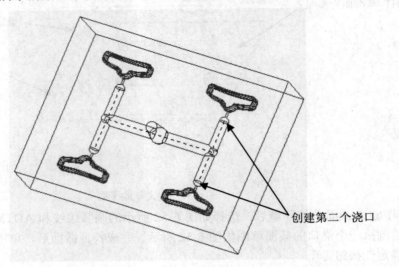

创建第二个浇口

图 6-54　创建第二个浇口

6.2　水线的创建

下面以创建如图 6-55 所示的水线为例，说明其操作过程。

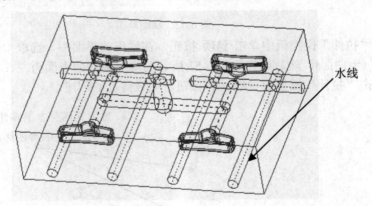

水线

图 6-55　设计水线

1. 设置模型树的过滤器

(1) 在模型树界面中选择 ▼ → 树过滤器(F)... 命令。

(2) 在系统弹出的"模型树项"对话框中选中 ☑特征、☑隐含的对象 复选框，并单击 确定 按钮。

2. 创建基准平面 ADTM5

创建如图 6-56 所示的基准平面 ADTM5。

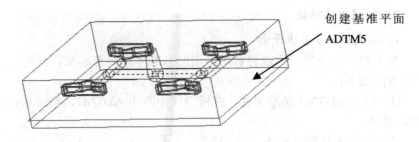

图 6-56　创建基准平面 ADTM5

1) 隐藏基准平面

为了使屏幕简洁，可以将暂时不用的基准平面隐藏起来，操作方法如下：

(1) 在模型树中，右击 MOLD_RIGHT 基准平面，然后从弹出的快捷菜单中选择 隐藏 命令。

(2) 用同样的方法隐藏 MAIN_PARTING_PLN 基准平面、MOLD_FRONT 基准平面、ADTM2 基准平面、ADTM3 基准平面、ADTM4 基准平面。

2) 创建基准平面

(1) 单击 模型 功能选项卡 基准▼ 区域中的"平面"创建按钮 ▱ 。

(2) 在图 6-57 中选取基准平面 ADTM1 为参照平面。

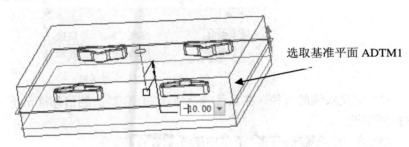

图 6-57　选取参照平面

(3) 在系统弹出的如图 6-58 所示的"基准平面"对话框中输入偏移值"−10"，最后在该对话框中单击 确定 按钮。

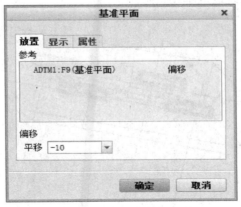

图 6-58　"基准平面"对话框

3．创建水线特征

1）隐藏和显示基准平面

为了使屏幕简洁，可以将暂时不用的基准平面隐藏起来，然后显示需要的基准平面，操作方法如下：

(1) 隐藏 ADTM1 基准平面。在模型树中右击 ADTM1，然后从弹出的快捷菜单中选择 `隐藏` 命令。

(2) 显示基准平面 MOLD_RIGHT。在模型树中右击 MOLD_RIGHT，然后从弹出的快捷菜单中选择 `取消隐藏` 命令。

(3) 用同样的方法显示基准平面 ADTM2。

2）创建水线

(1) 单击 `模具` 功能选项卡 `生产特征 ▼` 区域中的 `水线` 按钮，此时系统弹出如图 6-59 所示的"水线"对话框。

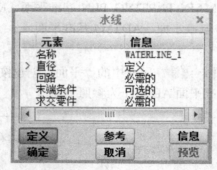

图 6-59 "水线"对话框

(2) 定义水线的直径。在系统 `输入水线圆环的直径` 的信息提示下，输入直径值"5"，然后按回车键。

(3) 在 `▼ 设置草绘平面` 菜单中选择 `新设置` 命令。

(4) 草绘平面。在系统 `➡选择或创建一个草绘平面。` 的信息提示下，选择如图 6-60 所示的 ADTM5 基准面为草绘平面，在 `▼ 草绘视图` 菜单中选择 右 命令，选取如图 6-60 所示的坯料右表面为参照平面，系统进入草绘状态。

选取 ADTM5 基
准面为草绘平面

选取此坯料的表
面为参照平面

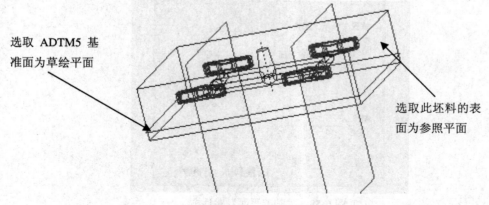

图 6-60 定义草绘平面

3) 绘制截面草图

(1) 进入草绘环境后，选取 ADTM2 基准面、MOLD_RIGHT 基准面和如图 6-61 所示的坯料边线为草绘参照，单击"草绘"操控板 草绘 区域中的 ┊ 中心线 ▾ 按钮，绘制如图 6-61 所示的两条参照线。

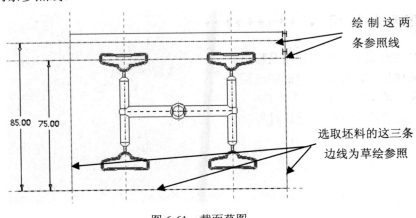

图 6-61　截面草图

(2) 单击"草绘"操控板 草绘 区域中的 ╱ 线 ▾ 按钮，绘制如图 6-62 所示的截面草图。完成特征截面的绘制后，单击"草绘"操控板中的"确定"按钮✔。

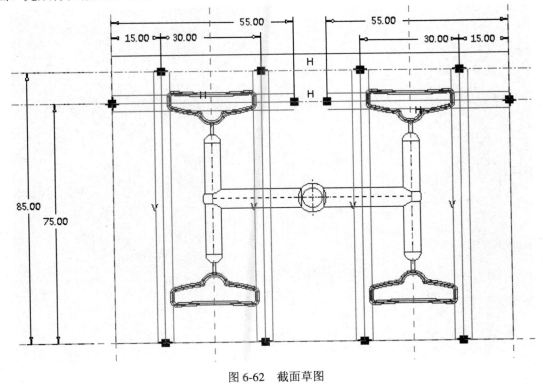

图 6-62　截面草图

(3) 定义相交元件。系统弹出"相交元件"对话框，在该对话框中选中 ☑自动更新(U) 复选框，然后单击 确定(O) 按钮。

（4）单击"水线"对话框中的 **预览** 按钮，再单击"重画命令"按钮 ，预览所创建的"水线"特征，然后单击 **确定** 按钮完成操作。

（5）保存设计文件。

思考与练习 ＋＋＋＋＋＋＋＋＋＋

1. 简述流道和水线的作用及特点。
2. 简述裙边法设计分型面的过程。
3. 简述流道的类型。
4. 试述流道及水线的设计过程。

项目七

模架的结构及设计

【内容导读】

模架是模具的基座。Creo 4.0 提供自动设计标准模架模块和手动设计创建一般模架两种方式。本项目主要从模架的作用和结构入手，通过一个具体范例详细讲解手动设计模架的过程。

【知识目标】

- 了解模架的设计方法。
- 熟悉并理解模架的作用和结构。
- 掌握模架的系统组成。

【能力目标】

- 掌握模架设计的一般过程。
- 能够根据需要完成模具设计的整个流程。

相关知识 ++++++++++

1. 模架的作用

模架是模具的基座，模架作用如下：

(1) 引导熔融塑料从注射机喷嘴流入模具型腔。

(2) 固定模具的塑件成型元件(上模型腔、下模型腔、滑块等)。

(3) 将整个模具可靠地安装在注射机上。

(4) 调节模具温度。

(5) 将浇注件从模具中顶出。

2. 模架的结构

一个塑件的完整模具包括：模具型腔零件和模架(见图 7-1)。

模架中主要元件(或结构要素)的作用说明如下：

(1) 定模架板：该元件的作用是固定模板。

(2) 定模架板螺钉：通过该螺钉将定模架板和定模板紧固在一起。

(3) 注射浇口：注射浇口位于定模架板上，它是熔融塑料进入模具的入口。由于浇口与熔融塑料和注射机喷嘴反复接触、碰撞，因而在实际模具设计中，一般浇口不直接开设在定模架板上，而是将其制成可拆卸的浇口套，用螺钉固定在定模架板上。

　　(4) 定模板：该元件的作用是可固定上模型腔或直接做成型腔板作为成型零件。

　　(5) 导套：该零件固定在定模架板上，与导柱配合，在模具反复开启工作中除了保护定模架板耐磨外，还起到上模与下模的导向作用。

　　(6) 动模板：该零件的作用可固定下模型腔或者做成型腔板或型芯固定板等。如果冷却水道(水线)设计在下模型腔上，则该板应设有冷却水道的进出孔或者避免通过镶块。

　　(7) 导向柱：该元件安装在动模板上，在开模后的复位时，该元件起导向作用。

　　(8) 动模架板：该元件的作用是固定动模板。

　　(9) 动模架板螺钉：通过该螺钉将动模架板、支撑板和动模板紧固在一起。

　　(10) 顶出孔：该孔位于动模架板的中部。开模时，当动模部分移开后，注射机在此孔处推动下推板带动推杆上移，直至将浇注件推出上模型腔。

　　(11) 顶出杆：该元件用于把浇注件从模具型腔中顶出。

　　(12) 复位销钉：该元件的作用是使推杆复位，为下一次注射做准备。在实际的模架中，复位销钉上套有复位弹簧。在浇注件落下后，当顶出孔处的推力撤销后，在弹簧的弹力作用下，上推板将带着推杆下移，直至复位。

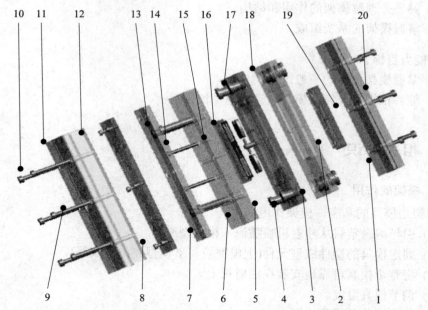

1—定模架板(Top_plate)；2—上模型腔(upper_mold)；3—定模板(a_plate)；4—冷却水道进出水孔；

5—导向柱(pillar)；6—支撑板(support_plate)；7—下顶出板(eject_down_plate)；

8—上顶出板(eject_down_plate)；9—顶出孔；10—动模架板螺钉(house_screw)；

11—动模架板(house)；12—顶出板螺钉(ej_plate_screw)；13—复位销钉(pin)；

14—顶出杆(eject_pin)；15—下模型腔(lower_mold)；16—浇注件(pad_molding)；

17—动模板(b_plate)；18—导套(bush)；19—注射浇口；

20—定模架板螺钉(top_plate_screw)

图 7-1　模架的结构

项目案例 ✦✦✦✦✦✦✦✦✦✦

模架一般包括浇注系统、导向系统、推出装置、温度调节系统和结构零部件等。模架设计方法一般分为两种：手动设计法和自动设计法。

手动设计是指用户在设计一些特殊产品的模具时，当标准模架满足不了生产需要，在这种情况下，用户根据产品的结构来自行设计模架，以方便后续使用。

自动设计法是指用户在设计模具时，采用标准模架来完成一套完整的模具设计，并通过采用标准模架来降低设计成本、缩短设计周期以及提高设计质量等。Creo 4.0 提供了一个外挂的模架设计专家(EMX)模块，供用户选择使用。

为了说明模架设计的要点，本案例将详细介绍使用手动设计法来创建模架的一般设计过程。本案例是一个一模两穴的模具，即通过一次注射成型可以生成两个零件。该模具的主要设计内容如下：

(1) 模具型腔元件(上模型腔和下模型腔)的设计。

(2) 模具型腔元件与模架的装配。

(3) 上模型腔与定模板配合部分的设计。

(4) 下模型腔与动模板配合部分的设计。

(5) 在下模型腔中设计冷却水道。

(6) 在动模板中设计冷却水道的进出孔。

(7) 含模架的模具开启设计。

1. 新建模具制造模型

(1) 选取"新建"命令，在工具栏中单击新建文件按钮 📄。

(2) 在"新建"对话框中，选择 **类型** 区域中的 **📐 制造** 按钮，选中 **子类型** 区域中的 **⦿ 模具型腔** 按钮，在**名称** 文本框中输入文件名"pad_mold"，取消 **☑ 使用默认模板** 复选框中可的对号，单击该对话框中的 **确定** 按钮。

(3) 在系统弹出的"新文件选项"对话框中的模板区域选取 mmns_mfg_mold 模板，然后在该对话框中单击 **确定** 按钮。

2. 建立模具模型

在开始设计模前，需要先创建如图 7-2 所示的模具模型(包含参照模型和坯料)。

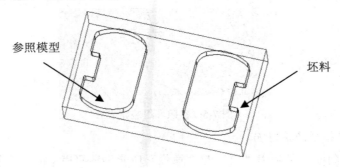

参照模型

坯料

图 7-2 参照模型和坯料

1) 引入第一个参考模型

(1) 单击"模具"命令选项卡"参考模型和工件"选项区域的"参考模型"按钮 ，并在系统弹出的下拉列表中单击 组装参考模型 命令，此时系统弹出"打开"对话框。

(2) 在"打开"对话框中选取三维零件模型 pad.prt 作为参考零件模型，然后单击"打开"按钮。

(3) 系统弹出如图 7-3 所示的"元件放置"操控板，在"约束类型"下拉列表框中选择"默认"约束，再在该操控板中单击完成按钮 ✔。

图 7-3 "元件放置"操控板

(4) 系统弹出如图 7-4 所示的"创建参考模型"对话框，选中 ⦿ 按参考合并 单选按钮，然后在 参考模型类型 名称文本框中接受系统给出的默认参考模型名称(也可以输入其他字符作为参考模型名称)，再单击 确定 按钮。

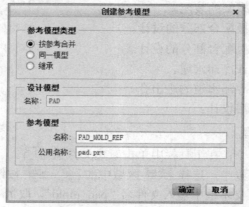

图 7-4 "创建参考模型"对话框

参照件组装完成后，模具的基准平面与参照模型的基准平面对齐，如图 7-5 所示。

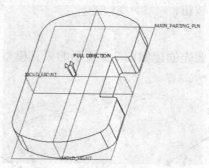

图 7-5 参照件组装完成后

2) 隐藏参照模型的基准面

为了使屏幕简洁，可利用"层"的"隐藏"功能将参照模型的三个基准面隐藏起来。

(1) 在导航选项卡中，选择 ▤ ▾ → 层树(L) 命令，如图 7-6 所示。

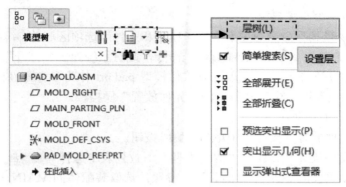

图 7-6　导航选项卡

(2) 在导航选项卡中，单击 PAD_MOLD.ASM （顶级模型，活动 ▼ 后面的 ▼ 按钮，选择参照模型 PAD_MOLD_REF.PRT (如图 7-7 所示为活动层对象)。

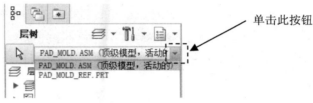

图 7-7　选择参考模型为活动层对象

(3) 在如图 7-8 所示的参照模型层树中，按住 Ctrl 键选取基准面层 ▶ ⌿ 01__PRT_DEF_DTM_PLN ，然后单击鼠标右键，在如图 7-9 所示的快捷菜单中选择 隐藏 命令，再单击屏幕的重画按钮 ，这样参照模型的基准面将不显示。

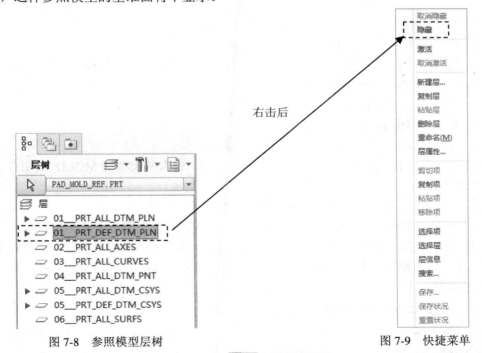

图 7-8　参照模型层树　　　　　　　　　　　图 7-9　快捷菜单

(4) 完成操作后，选择导航选项卡中的 ▼ → 模型树(M) 命令，切换到模型树状态。

3) 引入第二个参考模型

(1) 单击"模具"命令选项卡"参考模型和工件"选项区域的 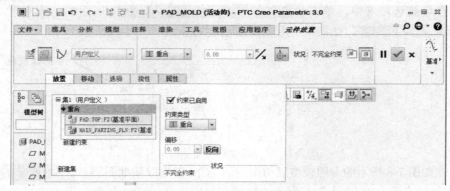 按钮，并在系统弹出的下拉列表中单击 组装参考模型 命令，此时系统弹出"打开"对话框。

(2) 在"打开"对话框中选取三维零件模型 pad.prt 作为参考零件模型，然后单击"打开"按钮，系统弹出如图 7-10 所示的"元件放置"操控板。

(3) 指定第一个约束。

① 在"元件放置"操控板中单击 放置 按钮。

② 在"元件放置"界面的"约束类型"下拉列表中选择 重合 选项。

③ 选取参照件的 TOP 基准面为元件参照，选取装配体的 MAIN_PARTING_PLN 基准面为组件参照。

图 7-10　"元件放置"操控板

(4) 指定第二个约束。

① 单击 新建约束 。

② 在"约束类型"下拉列表中选择 重合 。

③ 选择参照件的 FRONT 基准平面为元件参照，选取装配体的 MOLD_FRONT 基准平面为组件参照，然后单击 反向 按钮。

(5) 指定第三个约束。

① 单击 新建约束 。

② 在"约束类型"下拉列表中选择 距离 。

③ 选择参照件的 RIGHT 基准平面为元件参照，选取装配体的 MOLD_RIGHT 基准平面为组件参照。

④ 在 偏移 下面的文本框中输入偏移值 "-80"，并按回车键。

(6) 至此，约束定义完成，在"元件放置"操控板中单击完成按钮 。

(7) 在系统弹出的"创建参考模型"对话框选中 按参考合并 单选按钮，然后在 参考模型 名称文本框中接受系统默认的参考模型名称(也可以输入其他字符作为参考模型名称)，单击 确定 按钮。

4) 隐藏第二个参照模型的基准面

为了使屏幕简洁，按照隐藏第一个参照模型基准面的步骤完成第二个参照模型三个基准面的隐藏。

5) 创建坯料

(1) 单击"模具"命令选项卡 参考模型和工件 中 工件 按钮的下拉箭头。

(2) 在弹出的下拉列表中选择 创建工件 命令。

(3) 在系统弹出的"创建元件"对话框选中 类型 区域中的 零件 单选按钮，选中 子类型 区域的 实体 单选按钮，在 名称 文本框中输入坯料的名称"pad_wp"，然后单击 确定 按钮。

(4) 在系统弹出的"创建选项"对话框中选中 创建特征 单选按钮，然后单击 确定 按钮。

(5) 创建坯料特征的具体过程如下：

① 选择命令。在弹出的 模型 命令选项卡 形状 区域中单击"拉伸"按钮 ，此时系统出现实体拉伸操控板。

② 定义草绘截面放置属性。首先在实体拉伸操控板中，确认"实体"类型按钮 被按下。然后在绘图区中单击鼠标右键，在出现的草绘快捷菜单中选择 定义内部草绘... 命令；系统弹出 "草绘"对话框，选择 MAIN_PARTING_PLN 平面作为草绘平面，接受系统默认的 MOLD_RIGHT 基准面作为草绘平面的参考平面，方向为右，然后单击 草绘 按钮，系统进入截面草绘环境。

③ 绘制特征截面。进入截面草绘环境后选取 MOLD_FRONT 基准面和 MOLD_RIGHT 基准面为草绘参考，绘制如图 7-11 所示的特征截面，完成绘制后，单击工具栏中的 按钮。

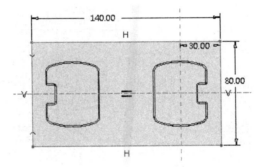

图 7-11　截面草图

④ 选取深度类型并输入深度值。在实体拉伸操控板中选取深度类型 （即"对称"），在深度文本框中输入深度值"30"，并按回车键。

⑤ 预览特征。在实体拉伸操控板中单击 按钮，可预览所创建的拉伸特征。

⑥ 完成特征。在实体拉伸操控板中单击 按钮，完成特征的创建。

3. 设置收缩率

(1) 单击"模具"命令选项卡 生产特征 选项按钮的下拉箭头，在系统弹出的下拉菜单中单击 按比例收缩 ，然后选择 按尺寸收缩 命令。

(2) 在系统弹出的"按尺寸收缩"对话框中，确认 公式 区域的 1+S 按钮被按下；在 **收缩选项** 区域选中 更改设计零件尺寸 复选框；在"收缩率"区域的"比率"栏中，输入收缩率"0.006"，并按回车键，然后单击对话框中的 按钮。

说明： 由于参考模型相同，所以设置第一个模型收缩率为 0.006 后，系统会自动将其余三个模型的收缩率调整到 0.006，不需要再进行设置。

4. 建立浇注系统

下面在模具坯料中创建如图 7-12 所示的浇注系统(包括浇道、流道和浇口)。

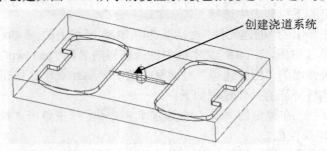

图 7-12　创建浇道和浇口系统

1) 创建基准平面 ADTM1

在模型中创建一个装配级基准特征基准平面 ADTM1(如图 7-13 所示)，其作用主要有两点，一是作为流道特征的草绘参考，二是作为浇口特征的草绘平面。

(1) 单击 模具 功能选项卡 基准▾ 区域的"平面"按钮 ▱，此时系统弹出"基准平面"对话框。

(2) 选取如图 7-14 所示的 MOLD_RIGHT 基准平面作为参照平面，偏移值为−40，然后单击 确定 按钮。

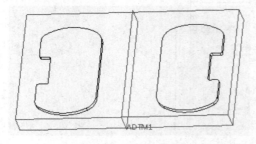

图 7-13　创建基准平面 ADTM1

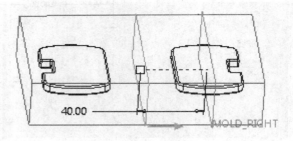

图 7-14　选取参考平面

2) 创建浇道

创建如图 7-15 所示的浇道。

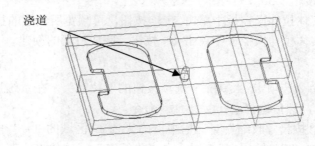

图 7-15　创建浇道

(1) 单击 模型 功能选项卡 切口和曲面▾ 区域中的 ◎ 旋转 按钮，此时系统弹出"旋转"操控板。

（2）选取旋转类型。在"旋转"操控板中，确认"实体"类型按钮 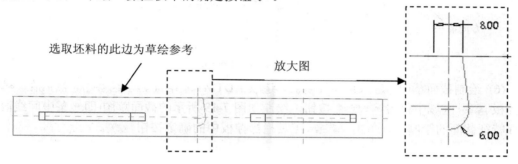 被按下。

（3）创建旋转特征。单击鼠标右键，从快捷菜单中选择 定义内部草绘... 命令。草绘平面为 MOLD_FRONT 基准平面，草绘平面的参考平面为 MOLD_RIGHT 基准平面，草绘平面的参照方位为右。单击 草绘 按钮，进入截面草绘环境。

（4）进入截面草绘环境后，选取 ADTM1 基准平面、MAIN_PARTING_PLN 基准平面和如图 7-16 所示的坯料边线为草绘参照，绘制如图 7-16 所示的截面草图。完成特征截面的绘制后，单击"草绘"操控板中的确定按钮 ✔。

图 7-16 截面草图

（5）设置特征属性。设置旋转角度类型为 ⟂，旋转角度为 360°。

（6）单击"旋转"操控板中的 ✔ 按钮，完成特征的创建。

3）创建流道

创建如图 7-17 所示的主流道。

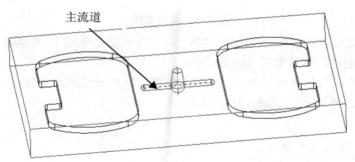

图 7-17 创建主流道

（1）单击 **模具** 功能选项卡 生产特征▾ 区域中的 ✷流道 按钮，此时系统弹出"流道"对话框和"形状"菜单管理器。

（2）在 ▾ 形状 菜单中选择 倒圆角 命令。

（3）定义流道的直径。在系统 输入流道直径 的信息提示下，输入直径值为 5，然后按回车键。

（4）在 ▾ 流道 菜单中选择 草绘路径 命令，在 ▾ 设置草绘平面 菜单中选择 新设置 命令。

（5）草绘平面。在系统 ➡选择或创建一个草绘平面。 的信息提示下，选择如图 7-18 所示的 MAIN_PARTING_PLN 基准面为草绘平面，在 ▾ 方向 菜单中选择 确定 命令即认可图 7-18 中的箭头方向为草绘的方向。在 ▾ 草绘视图 菜单中选择"默认"命令，系统进入草绘状态。

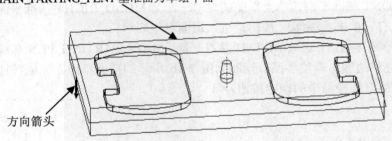

选取 MAIN_PARTING_PLN1 基准面为草绘平面

方向箭头

图 7-18　定义草绘平面

(6) 绘制截面草图。进入草绘环境后，选取 ADTM1 基准面为草绘参考，然后在 **草绘** 操控板 **草绘** 区域中单击 **✓ 线 ▾** 按钮，绘制如图 7-19 所示的截面草图(即一条中间线段)。完成特征截面的绘制后，单击 **草绘** 工具栏操控板中的确定按钮 **✓** 。

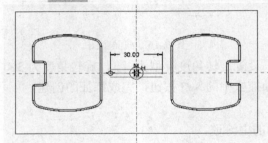

图 7-19　截面草图

(7) 定义相交元件。在系统弹出的 "相交元件" 对话框中按下 **自动添加(A)** 按钮，选中 **✓ 自动更新(U)** 复选框，然后单击 **确定(O)** 按钮。

(8) 单击"流道"信息对话框中的 **预览** 按钮，再单击重画命令按钮 **↗**，预览所创建的"流道"特征，然后单击 **确定** 按钮完成操作。

4) 创建浇口

创建如图 7-20 所示的浇口。

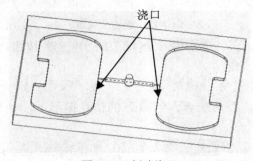

浇口

图 7-20　创建浇口

(1) 单击 **模型** 功能选项卡 **切口和曲面 ▾** 区域中的 **◀ 拉伸** 按钮，此时系统出现"拉伸"操控板。

（2）创建拉伸特征。

① 在"拉伸"操控板中，确认"实体"类型按钮□被按下。

② 定义草绘属性。单击鼠标右键，在快捷菜中选择 定义内部草绘... 命令。草绘平面为 ADTM1 基准平面，草绘平面的参照平面为 MAIN_PARTIN_PLN 基准面，草绘平面的参照 方位为上，单击 草绘 按钮，系统进入截面草绘环境。

③ 进入截面草绘环境后，绘制如图 7-21 所示的截面草图。完成特征截面后，单击"草 绘"操控板中的确定按钮✔。

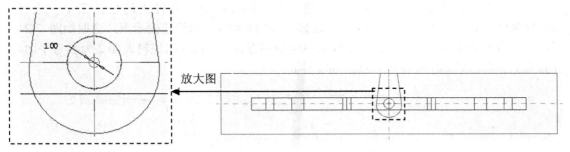

图 7-21　截面草图

④ 在"拉伸"操控板中单击 选项 按钮，在弹出的界面中，选取双侧深度选项均为 ⊥ 到选定项 (至曲面)，然后选择如图 7-22 所示的参照零件的表面为左、右拉伸的终止面。

⑤ 单击"拉伸"操控板中的 ✔ 按钮，完成特征的创建。

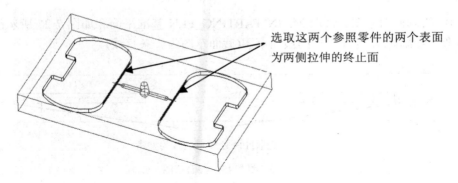

选取这两个参照零件的两个表面 为两侧拉伸的终止面

图 7-22　选取拉伸的终止面

5．创建模具分型面

在模具坯料中创建如图 7-23 所示分型面，以分离模具的上模型腔和下模型腔。

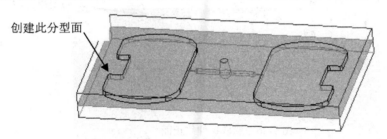

创建此分型面

图 7-23　创建分型面

(1) 单击 **模具** 功能选项卡 **分型面和模具体积块▾** 区域中的分型面按钮 📖，此时系统出现"分型面"功能选项卡。

(2) 在系统弹出的"分型面"功能选项卡 **控制** 区域中单击"属性"按钮 📲，再在弹出的"属性"对话框中输入分型面名称"pad_ps"，单击 **确定** 按钮。

(3) 用拉伸的方法创建分型面。

① 单击"分型面"功能选项卡 **形状▾** 区域中的"拉伸"按钮 📦，此时系统弹出"拉伸"操控板。

② 定义草绘截面放置属性。在绘图区单击鼠标右键，在弹出的快捷菜单中选择 **定义内部草绘...** 命令，在系统 **➡选择一个平面或曲面以定义草绘平面。** 的信息提示下，选取如图 7-24 所示的坯料表面 1 为草绘平面，接受默认草绘视图方向，然后选取坯料表面 2 为参考平面，方向为上。单击 **草绘** 按钮进入草绘环境界面。

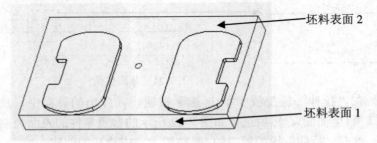

坯料表面 2

坯料表面 1

图 7-24　定义草绘平面

③ 绘制截面草图。选取 MAIN_PARTING_PLN 基准平面和如图 7-25 所示的坯料边线为参考，绘制如图 7-25 所示的截面草图(截面草图为一条直线)。

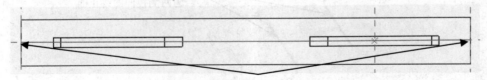

选取此两处坯料边线为参考

图 7-25　截面草图

④ 设置深度选项。在"拉伸"操控板中选取深度类型按钮 ⊥，选取如图 7-26 所示的坯料表面为拉伸终止面，然后在"拉伸"操控板中单击 ✔ 按钮，完成特征的创建。

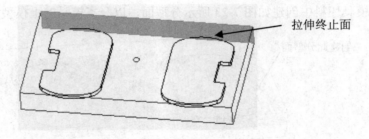

拉伸终止面

图 7-26　选取拉伸终止面

⑤ 在"分型面"功能选项卡中单击确定按钮 ✔，完成分型面的创建。

6．创建模具元件的体积块

（1）选择 **模具** 功能选项卡 分型面和模具体积块▼ 区域中的 模具体积块▼ → 体积块分割 命令（即用分割的方法构建体积块）。

（2）在系统弹出的 ▼分割体积块 菜单中，选择 两个体积块 → 所有工件 → **完成** 命令，此时系统弹出"分割"对话框和"选择"对话框。

（3）在系统 ➡为分割工件选择分型面。的信息提示下，选取前面创建的分型面 pad_ps，并在"选择"对话框中单击 确定 按钮，然后在"分割"对话框中单击 确定 按钮。

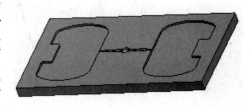

（4）系统弹出"属性"对话框，单击该对话框中的 着色(S) 按钮，着色后的体积块如图 7-27 所示，输入体积块名称 lower_mold，单击 确定 按钮。

图 7-27　着色后下体积块

（5）系统再次弹出"属性"对话框，单击该对话框中的 着色(S) 按钮，着色后的体积块如图 7-28 所示，输入体积块名称 upper_mold，单击 确定 按钮。

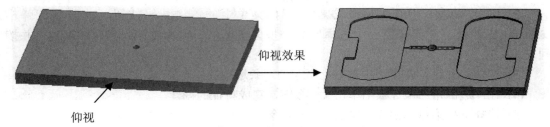

仰视效果

仰视

图 7-28　着色后上体积块

7．抽取模具元件

选择"模具"命令选项卡 元件▼ 区域 模具元件▼ 下拉菜单中的 型腔镶块 命令，在系统弹出的"创建模具元件"对话框中单击"选择所有体积块"命令按钮 ☰，选择所有体积块，然后单击 确定 按钮。

8．对上、下型腔的四条边进行倒角

对上、下模具型腔的四条边进行倒角，如图 7-29 所示。

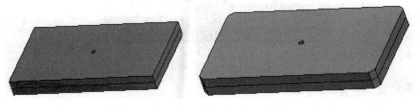

图 7-29　创建倒角特征

1）将下型腔的四条边进行倒角

（1）在模型树中右击 ▶ LOWER_MOLD.PRT，从弹出的快捷菜单中选择 打开 命令。

（2）单击 **模型** 功能选项卡 工程▼ 下拉菜单中的 倒角 ▼ 按钮，此时系统弹出 *边倒角*

操控板，在该操控板中选择倒角类型为 D x D，输入倒角尺寸值 "4.0"，并按回车键。

(3) 按住 Ctrl 键，在模型中选取如图 7-30 所示的四条边线。

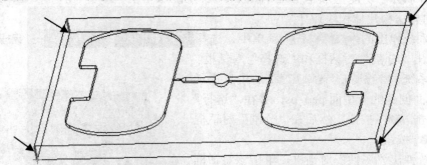

图 7-30　选取需要倒角的四条边线

(4) 在 "边倒角" 操控板中单击 ✔ 按钮，完成特征的创建。

(5) 选择下拉菜单 文件▾ → ✕ 关闭(C) 命令。

2) 将上型腔的四条边进行倒角

(1) 在模型树中右击 ▶ UPPER_MOLD.PRT，从弹出的快捷菜单中选择 打开 命令。

(2) 单击 模型 功能选项卡 工程▾ 下拉菜单中的 倒角 ▾ 按钮，此时系统弹出 边倒角 操控板，在该操控板中选择倒角类型为 D x D，输入倒角尺寸值 "4.0"，并按回车键。

(3) 按住 Ctrl 键，在模型中选取上型腔的四条边线。

(4) 在 "边倒角" 操控板中单击 ✔ 按钮，完成特征的创建。

(5) 选择下拉菜单 文件▾ → ✕ 关闭(C) 命令。

9. 创建凹槽

在上、下模具型腔的结合处，构建如图 7-31 所示的阶梯形凹槽，以便将上、下模具型腔固定在模架上。

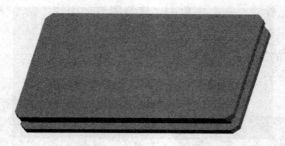

图 7-31　构建阶梯形凹槽

(1) 隐藏分型面、坯料和模具元件。

① 选择 视图 功能选项卡 可见性 区域中的 " 模具显示 " 按钮，此时系统弹出 遮蔽和取消遮蔽 对话框，按下 元件 按钮，按住 Ctrl 键，从列表中选取 PAD_MOLD_REF、PAD_MOLD_REF_1 和坯料 PAD_WP，单击 遮蔽 按钮。

② 按下 分型面 按钮。从列表中选取分型面 PAD_PS，单击 遮蔽 按钮，再单击 确定 按钮。

（2）单击 **模型** 功能选项卡 切口和曲面▾ 区域中的 ⬚拉伸 按钮，此时系统弹出"拉伸"操控板。

（3）定义草绘截面放置属性。在绘图区单击鼠标右键，从弹出的快捷菜单中选择 定义内部草绘... 命令，在系统 ➡选择一个平面或曲面以定义草绘平面。 的信息提示下，选取 MAIN_PARTING_PLN 基准平面为草绘平面，MOLD_RIGHT 基准平面为参考平面，方向为右，接受默认草绘视图方向。单击 草绘 按钮进入草绘环境界面。

（4）绘制截面草图。选取 ADTM1 和 MOLD_FRONT 基准平面为参考平面，绘制如图 7-32 所示的截面草图。

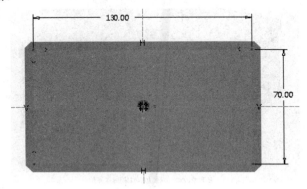

图 7-32 截面草图

（5）设置深度选项。在"拉伸"操控板中选取深度类型 ⬚(对称)，深度值为 10，剪切方向设置如图 7-33 所示。

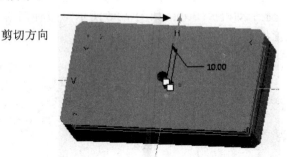

图 7-33 选取拉伸终止面

（6）在"拉伸"操控板中单击 ✔ 按钮，完成特征的创建。

10. 生成浇注件

（1）选择"模具"命令选项卡 元件▾ 区域中的 ⬚创建铸模 命令。

（2）在如图 7-34 所示的系统提示文本框中输入浇注件的零件名称"pad_molding"，然后单击两次 ✔ 按钮。

图 7-34 系统提示文本框

11. 模具型腔元件与模架的装配设计

本步骤将把前面完成设计的模具型腔元件与模架组件装配起来，模架组件模型如图 7-35 所示，读者可直接调用本教材提供的模架组件。模架组件的各零件可在零件模式下分别单独创建，然后将各零件装配起来。此外，美国 PTC 公司提供了一套包含各种标准规格模架的 Moldbase 文件包，如果读者拥有该文件包，则可以使用 **模具** 功能选项卡 **转到** 区域中的"模具布局"按钮 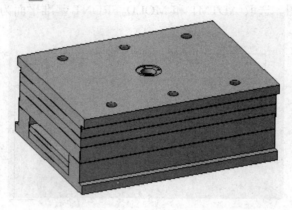，调用所需要的标准模架。

图 7-35　模架组件模型

(1) 选择下拉菜单 **文件 ▾** → **打开(O)** 命令，打开文件 moldbase.asm。

(2) 设置模型树显示内容。在模型树界面中选择 **▾** → **树过滤器(F)...** 命令，在弹出的"模型树项"对话框中选中 **✔ 特征** 复选框，单击 **确定** 按钮。

(3) 设置装配模型为仅显示动模板(B 板，如图 7-36 所示)，以使后续与型腔装配时的画面简洁，方便操作。其设置步骤如下：

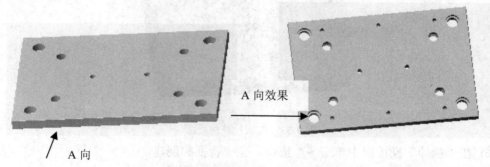

A 向效果

A 向

图 7-36　设置装配模型仅显示动模板(B 板)

① 在模型树中对除动模板(B 板)零件以外的所有零件，逐一选择进行隐藏(分别右击每个零件，从弹出的快捷菜单中选择 **隐藏** 命令)。

② 隐藏组件的 ASM_RIGHT、ASM_TOP 和 ASM_FRONT 基准平面(步骤同上)。

③ 隐藏组件的 DTM1、DTM2、DTM3 和 DTM4 基准平面(步骤同上)。

④ 完成后的模板如图 7-36 所示。

说明： 对于除动模板(B 板)B_PLATE_.PRT 以外的所有零件进行隐藏，可以利用如图 7-37 所示的"搜索工具"选择需要隐藏的元件，然后对其进行隐藏，操作步骤如下：

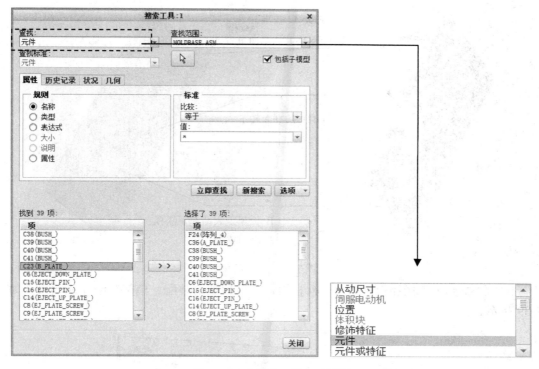

图 7-37 "搜索工具"对话框

① 单击 **工具** 功能选项卡 调查▼ 区域中的"查找"按钮 🔍 。

② 在系统弹出的 **搜索工具** :1 对话框中选择 查找: 列表中的 元件 项,此时系统列出找到的 39 个零件,单击 > > 按钮,将除动模板(B 板)外的所有元件移至右侧的项目栏中,然后单击 **关闭** 按钮。

③ 在模型树的空白处单击鼠标右键,从弹出的快捷菜单中选择 隐藏 命令,完成操作。

(4) 单击窗口 ☞ ▼ 按钮,在下拉菜单中选择 ✔ 1 PAD_MOLD.ASM,切换到模具文件窗口。

(5) 遮蔽上模 ▶ ◢ UPPER_MOLD.PRT "和浇注件 ▶ ◢ PAD_MOLDING.PRT ,使模具仅显示出下模。

(6) 装配模架。

① 单击 **模具** 功能选项卡中的 元件▼ → 模架元件 ▶ → 组装基础元件 按钮。

② 在"打开"对话框中打开模架文件 moldbase.asm。

③ 在弹出的"元件放置"操控板中,按以下步骤操作(见图 7-38):

i) 定义第一个约束。选择 ⊥ 重合 选项,使动模板(B 板)的模型表面和下模模型表面重合,然后单击 **反向** 按钮。

ii) 定义第二个约束。选择 ⊥ 重合 选项,使动模板(B 板)的 FRONT 基准面和下模 MOLD_FRONT 基准面重合。

iii) 定义第三个约束。选择 ⊥ 重合 选项,使动模板(B 板)的 RIGHT 基准面和下模 ADTM1 基准面重合。

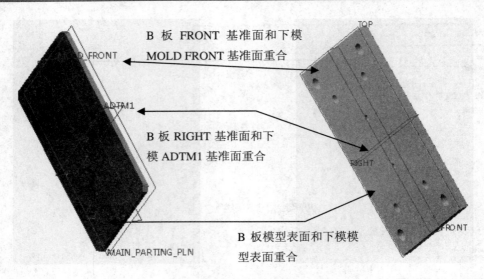

图 7-38   定义约束

iv) 在 **元件放置** 操控板中单击 ✔ 按钮，完成模架的装配。模架装配完成效果图如图
7-39 所示。

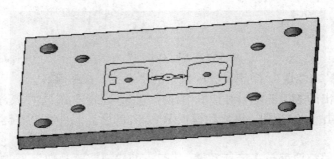

图 7-39   模架装配完成效果图

(7) 取消上模 ▄ UPPER_MOLD.PRT 的遮蔽。

(8) 显示模架 ▶ 🗔 MOLDBASE.ASM 中的隐藏元件。选取所有被隐藏的模架元件，然
后单击鼠标右键，选择 ◉ 取消隐藏 命令。

12. 设置简化表示

对于复杂装配体的设计，存在下列问题：

(1) 重绘、再生和检索的时间太长。

(2) 在设计局部结构时，图面太复杂、太乱，不利于局部零部件的设计。

为了解决这些问题，可以利用简化表示功能将设计中暂时不需要的零部件从装配体的
工作区中移除，从而减少装配体的重绘、再生和检索的时间，起到简化装配体的作用。例
如在设计轿车的过程中，设计小组在设计车厢里的座椅时，并不需要发动机、油路系统和
电气系统，这样就可以用简化表示的方法将这些暂时不需要的零部件从工作区中移除。

在本步骤操作中，将简化表示 a_upper 和 b_lower，并把以后有配合关系的零件置入同
一个简化表示中，操作步骤如下。

1) 创建简化表示 a_upper，包含定模板(A 板)和上模两个零件

(1) 选择 视图 功能选项卡 模型显示▼ 区域中的 管理视图 按钮，在弹出的菜单中单击 视图管理器 按钮，此时系统弹出"视图管理器"对话框。

(2) 在"视图管理器"对话框的 **简化表示** 选项卡中单击 新建 按钮，输入视图名称 "a_upper"，并按回车键。此时系统弹出如图 7-40 所示的"编辑"对话框。

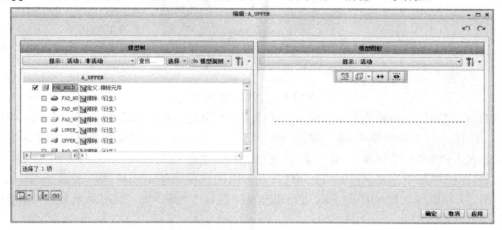

图 7-40　"编辑"对话框

(3) 在系统弹出的"编辑"对话框中，进行如下操作：

① 找到零件 UPPER_MOLD.PRT 和 A_PLATE.PRT，分别单击后面的 排除（衍生），变 为 衍件 ，再单击下拉列表中的 包括 选项。

② 单击"编辑"对话框中的 确定 按钮，完成视图的编辑。

2) 创建简化表示 b_lower，包含动模板(B 板)和下模两个零件

(1) 在"视图管理器"对话框的 **简化表示** 选项卡中单击 新建 按钮，输入视图名称 "b_lower"，并按回车键。此时系统弹出"编辑"对话框。

(2) 在"编辑"对话框中找到零件 LOWER_MOLD.PRT 和 B_PLATE.PRT，分别单击后 面的 排除（衍生），使其变为 衍件 ，再单击下拉列表中的 包括 选项。

(3) 单击"编辑"对话框中的 确定 按钮，完成视图的编辑。

(4) 单击"视图管理器"对话框中的 关闭 按钮。

13. 上模型腔与定模板(A 板)配合部分的设计

本步骤将在定模板(A 板)上构建出放置上模型腔的凹槽，如图 7-41 所示。

图 7-41　在定模板上构建放置上模型腔的凹槽

1) 创建剪切特征 1

创建如图 7-42 所示的剪切特征 1。

图 7-42　创建剪切特征 1

(1) 设置到简化表示视图 a_upper。选择 **视图** 功能选项卡 **模型显示**▾ 区域中的 管理视图▾ 按钮，在弹出的菜单中单击 ▦ **视图管理器** 按钮，在弹出的"视图管理器"对话框中鼠标右键单击 A_UPPER，选择 ➡ **激活** 命令，然后单击 **关闭** 按钮。

(2) 在模型树中右击 A_PLATE.PRT，在弹出的快捷菜单中选择 ◇ **激活** 命令。

(3) 单击 **模具** 功能选项卡 **形状**▾ 区域中的"拉伸"按钮 ▨，此时系统弹出"拉伸"操控板。

(4) 创建拉伸特征的具体步骤如下：

① 设置草绘平面。选取如图 7-43 所示的模型表面 A 为草绘平面，模型表面 B 为参照平面，方向为右。

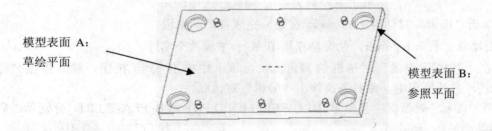

图 7-43　定义草绘平面

② 创建截面草图。单击"草绘"操控板 **草绘** 区域中的 ▢ **投影** 按钮，选择如图 7-45 所示的四条边线为"投影"对象(这四条边线为图 7-44 中的上模阶梯凹槽的内边界线)，从而得到截面草图。

图 7-44　上模背面内边界线　　　　　　　　图 7-45　截面草图

③ 定义拉伸深度。选择深度类型为 (穿透)。单击"移除材料"按钮 ，单击
按钮。

④ 在"拉伸"操控板中单击 ，完成特征的创建。

2) 创建剪切特征 2

创建如图 7-46 所示的剪切特征 2。

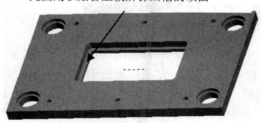

此面用以贴合上模阶梯凹槽的顶面

图 7-46　创建剪切特征 2

(1) 单击 **模具** 功能选项卡 **形状** 区域中的"拉伸"按钮 ，此时系统弹出"拉伸"操
控板。

(2) 创建拉伸特征的具体步骤如下：

① 设置草绘平面。选取如图 7-47 所示的模型表面 A 为草绘平面，模型表面 B 为参照
平面，方向为右。

模型表面 A：
草绘平面

模型表面 B：
参照平面

图 7-47　定义草绘平面

② 创建截面草图。单击"草绘"操控板 **草绘** 区域的"投影"按钮 **投影**，选择如
图 7-49 所示的八条边线为"投影"对象(这四条边线为图 7-48 所示的上模阶梯凹槽的外边
界线)，从而得到截面草图。

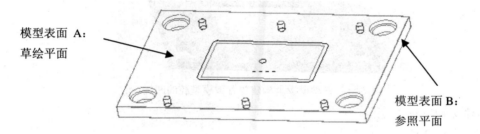

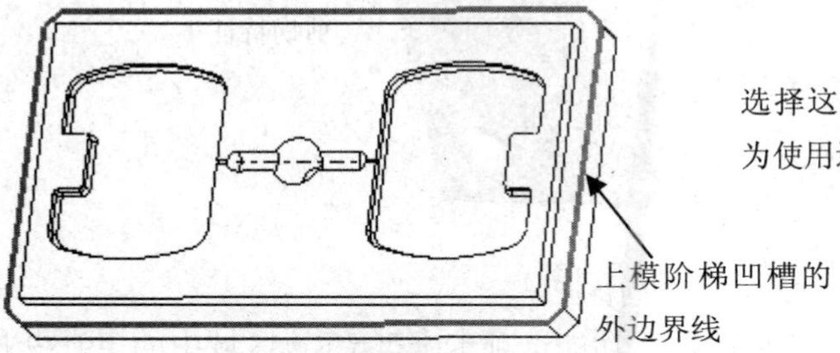

上模阶梯凹槽的
外边界线

选择这八条边
为使用边

图 7-48　上模背面外边界线 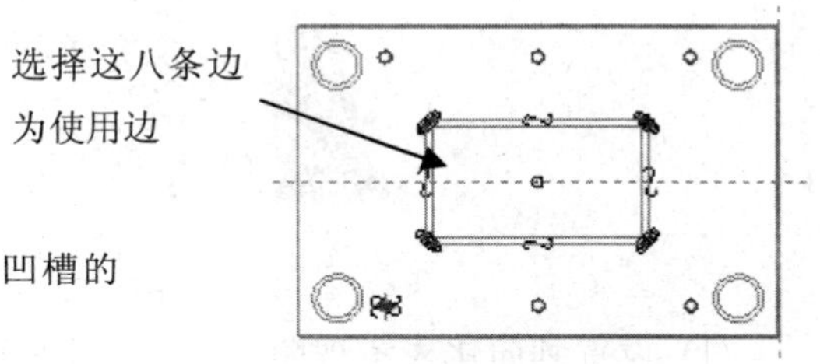　　　　　图 7-49　截面草图

③ 定义拉伸深度。选择深度类型为 (到选定的)。单击"移除材料"按钮 ，然

后用"列表选取"的方法，选取如图 7-50 所示的上模(upper_mold)凹槽表面(列表中的 曲面:F3(装配切剪):UPPER_MOLD 选项)为拉伸终止面。

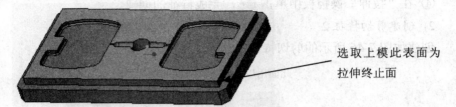

选取上模此表面为
拉伸终止面

图 7-50　选取拉伸终止面

④ 在"拉伸"操控板中单击 ✔，完成特征的创建。

(3) 查看构建出的凹槽。

① 在模型树中右击 A_PLATE.PRT，在弹出的快捷菜单中选择 打开 命令，即可看到构建的凹槽。

② 选择下拉菜单 文件 ▾ → 关闭(C) 命令。

14. 下模型腔与动模板(B 板)配合部分的设计

本步骤将在动模板(B 板)上构建出放置下模型腔的凹槽，如图 7-51 所示。

图 7-51　在动模板上构建放置下模型腔的凹槽

1) 创建剪切特征 1

创建如图 7-52 所示的剪切特征 1。

剪切特征 1

图 7-52　创建剪切特征 1

(1) 设置到简化表示视图 b_upper。选择 视图 功能选项卡 模型显示 ▾ 区域中的 管理视图 按钮，在弹出的菜单中单击 视图管理器 按钮，在弹出的"视图管理器"对话框中右击 B_LOWER，选择 ➡ 激活 命令，然后单击 关闭 按钮。

(2) 在模型树中右击 B_PLATE.PRT，在弹出的快捷菜单中选择 ◇ 激活 命令。

(3) 单击"模具"功能选项卡 形状 ▾ 区域中的"拉伸"按钮 📦，此时系统弹出"拉伸"操控板。

(4) 创建拉伸特征的具体步骤如下：

① 设置草绘平面。选取如图 7-53 所示的模型表面 A 为草绘平面，模型表面 B 为参照平面，方向为右。

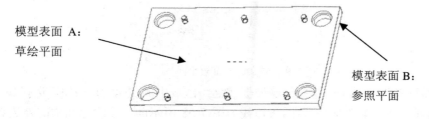

图 7-53 定义草绘平面

② 创建截面草图。单击"草绘"操控板 草绘 区域的"投影"按钮 □ 投影，选择如图 7-54 所示的四条边线为"投影"对象(这四条边线为图 7-55 所示的下模阶梯凹槽的内边界线)，从而得到截面草图。

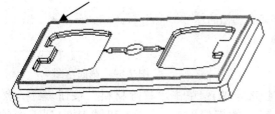

图 7-54 上模背面内边界线

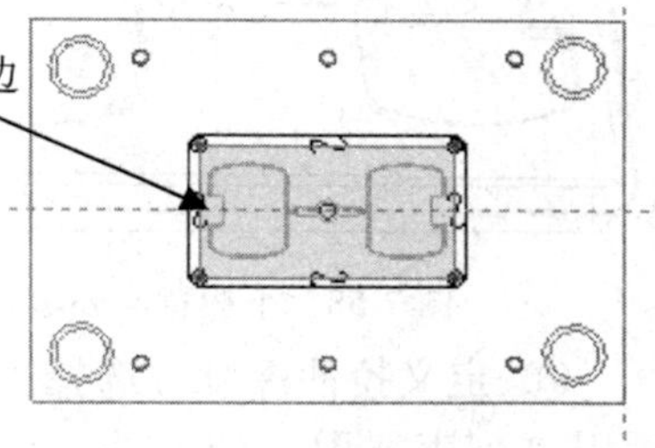

图 7-55 截面草图

③ 定义拉伸深度。选择深度类型为 ⧊ (穿透)。单击"移除材料"按钮 ◢，单击 ⁒ 按钮。

④ 在"拉伸"操控板中单击 ✔，完成特征的创建。

2) 创建剪切特征 2

创建如图 7-56 所示的剪切特征 2。

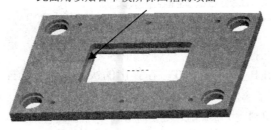

图 7-56 创建剪切特征 2

(1) 单击 模具 功能选项卡 形状 ▾ 区域中的"拉伸"按钮 📦，此时系统弹出"拉伸"操控板。

(2) 创建拉伸特征的具体步骤如下：

① 设置草绘平面。选取如图 7-57 所示的模型表面 A 为草绘平面，模型表面 B 为参照平面，方向为右。

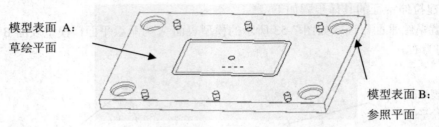

模型表面 A：
草绘平面

模型表面 B：
参照平面

图 7-57   定义草绘平面

② 创建截面草图。单击"草绘"操控板 草绘 区域中的 □ 投影 按钮，选择如图 7-59 所示的八条边线为"投影"对象(这四条边线为图 7-58 所示的下模阶梯凹槽的外边界线)，从而得到截面草图。

下模阶梯凹槽的
外边界线

选择这八条
边为使用边

图 7-58   下模背面外边界线   图 7-59   截面草图

③ 定义拉伸深度。选择深度类型为 ⊥⊥(到选定的)。单击"移除材料"按钮 ◢，然后用"列表选取"的方法，选取如图 7-60 所示的下模(lower_mold)凹槽表面(列表中的 曲面:F3(装配切剪):LOWER_MOLD 选项)为拉伸终止面。

④ 在"拉伸"操控板中单击 ✓，完成特征的创建。

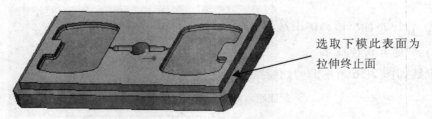

选取下模此表面为
拉伸终止面

图 7-60   选取拉伸终止面

(3) 查看构建出的凹槽。

① 在模型树中右击 B_PLATE.PRT，在弹出的快捷菜单中选择 🗁 打开 命令，即可看到构建的凹槽。

② 选择下拉菜单 文件 ▾ → ✕ 关闭(C) 命令。

(4) 选择下拉菜单，单击"窗口"按钮 🗗，在下拉菜单中选择 ✓ 1 PAD_MOLD.ASM 单选项。

15. 在下模型腔中设计冷却水道

本步骤将在下模型腔中建立如图 7-61 所示的三个圆孔，作为型腔冷却水道。

图 7-61　创建型腔冷却水道

1) 创建第一个圆孔

(1) 将视图中的模架 ▶ ⬜ MOLDBASE.ASM 遮蔽，仅显示下模。

(2) 创建如图 7-62 所示的基准平面 ADTM2，作为创建型腔冷却水道的草绘平面。单击 **模具** 功能选项卡 **基准** ▾ 区域中的"平面"按钮 ⬜，选取如图 7-63 所示的下模背面模型表面为参照平面，偏移值为-5.0(如果方向相反则输入值为 5.0)。

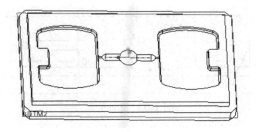

图 7-62　创建基准平面 ADTM2

(3) 在模型树中右击 LOWER_MOLD.PRT，选择 ◇ 激活 命令。

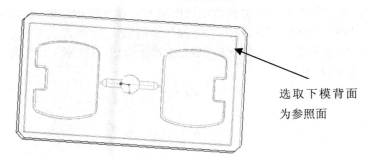

选取下模背面
为参照面

图 7-63　选择参照平面

(4) 单击 **模具** 功能选项卡 **形状** ▾ 区域中的 ◑◐ 旋转 按钮，系统弹出"旋转"操控板。

(5) 创建旋转特征。选择 ADTM2 基准平面为草绘平面，参考平面为如图 7-64 所示的模型表面，方向为下，选取如图 7-65 所示的亮条边线为参考，绘制如图 7-65 所示的截面草图，选择类型为旋转，选择角度为 360°，单击"移除材料"按钮。

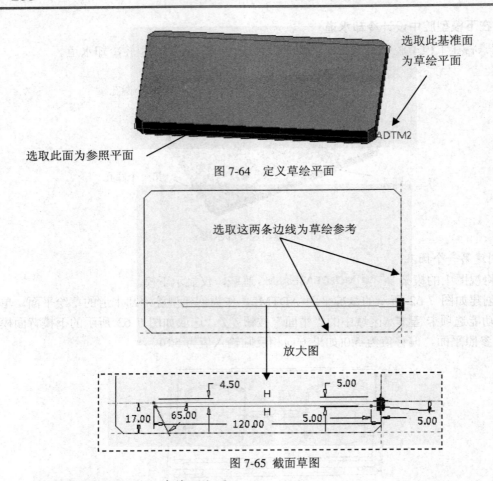

图 7-64　定义草绘平面

选取此基准面
为草绘平面

ADTM2

选取此面为参照平面

选取这两条边线为草绘参考

放大图

图 7-65　截面草图

2) 通过阵列的方式创建第二个圆孔

(1) 在模型树界面中选择 T｜ ▼ → 🔲 树过滤器(F)... 命令。在弹出的"模型树项"对话框中选择 ☑ 特征 复选框，然后单击 确定 按钮。

(2) 在模型树中选取上面所创建的第一个圆孔特征。单击 模型 功能选项卡 编辑 ▼ 区域中的 ⊞ 阵列 ▼ 按钮，系统弹出"阵列"操控版。

(3) 在系统 ➡ 选择要在第一方向上改变的尺寸。 的信息提示下，在模型中选择阵列的引导尺寸 17，如图 7-66 所示。

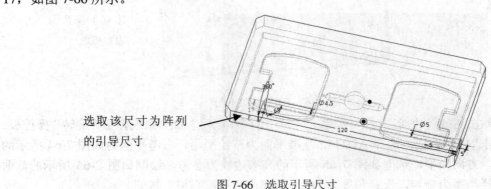

选取该尺寸为阵列
的引导尺寸

图 7-66　选取引导尺寸

(4) 在"阵列"操控板中按以下步骤进行操作：

① 单击 **尺寸** 按钮，然后输入第一方向的尺寸增量值"4"。

② 输入第一方向的阵列数量"2"，单击 ✓ 按钮，阵列结果如图 7-67 所示。

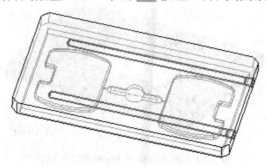

图 7-67　阵列结果

3) 创建第三个圆孔

创建如图 7-61 所示的第三个圆孔。

(1) 单击 **模具** 功能选项卡 形状▾ 区域中的 ⏣ 旋转 按钮，系统弹出"旋转"操控版。

(2) 创建旋转特征。选择 ADTM2 基准平面为草绘平面，选取如图 7-68 所示的模型表面为参照平面，方向为右，选择如图 7-69 所示的两条边线为参考，绘制如图 7-69 所示的截面草图，选择类型为旋转，旋转角度为 360°，单击"移除材料"按钮。

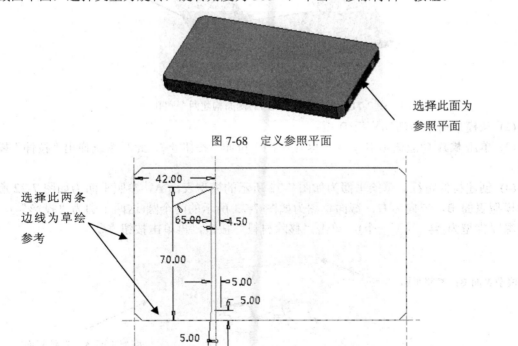

选择此面为
参照平面

图 7-68　定义参照平面

选择此两条
边线为草绘
参考

图 7-69　截面草图

16．在动模板(B 板)中设计冷却水道的进出孔

本步骤将在动模板(B 板)中构建如图 7-70 所示的三个圆孔作为通向下模型腔冷却水道

的通道，这三个圆孔应与对应的下模型腔冷却水道相连，三个圆孔大小应与相应冷却水道入口处尺寸大小相同。

图 7-70　在动模板(B 板)构建三个圆孔

1) 在动模板(B 板)的侧面创建如图 7-71 所示的两个圆孔

(1) 取消模架 MOLDBASE.ASM 遮蔽。

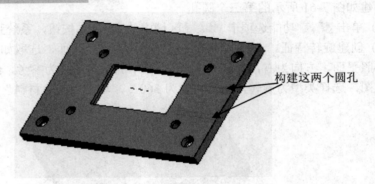

构建这两个圆孔

图 7-71　在动模板(B 板)的侧面构建两个圆孔

(2) 从模型树中激活动模板(B 板)。

(3) 单击 **模具** 功能选项卡 **形状** 区域中的"拉伸"按钮，此时系统弹出"拉伸"操控板。

(4) 创建拉伸特征。草绘平面为如图 7-72 所示的模型表面 A，参照平面为如图 7-72 所示的模型表面 B，方向为右，截面草图为如图 7-73 所示的两个圆(这两个圆为"投影")，选取深度类型为 ≡ (到下一个)，单击"移除材料"按钮，再单击按钮 。

模型表面 B：参照平面

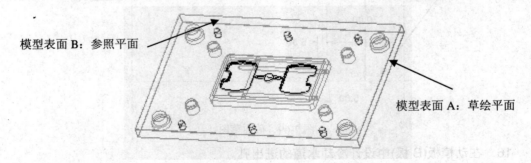

模型表面 A：草绘平面

图 7-72　定义草绘平面

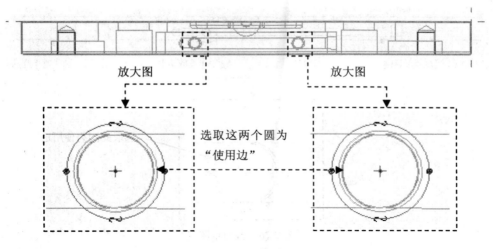

图 7-73　截面草图

(5) 单击确定按钮 ✔，完成特征的构建。

2)　在动模板(B 板)的前侧构建一个圆孔

在动模板(B 板)的前侧构建如图 7-74 所示的一个圆孔。

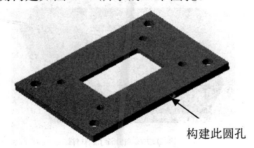

构建此圆孔

图 7-74　在动模板(B 板)前侧创建一个圆孔

(1) 单击 **模具** 功能选项卡 **形状▾** 区域中的"拉伸"按钮 ，此时系统弹出"拉伸"操控板。

(2) 创建拉伸特征。设置如图 7-75 所示的模型表面 A 为草绘平面，模型表面 B 为参照平面，方向为上，截面草图为如图 7-76 所示的投影圆，选取深度类型为 ⬛(到下一个)，单击"移除材料"按钮，再单击按钮 。

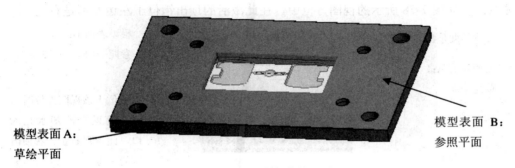

模型表面 A：
草绘平面

模型表面 B：
参照平面

图 7-75　定义草绘平面

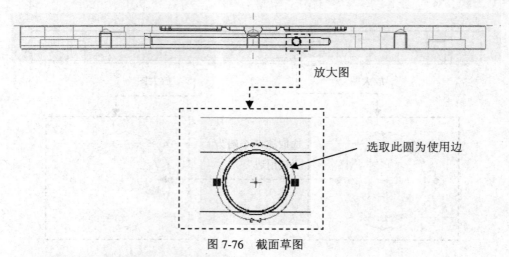

图 7-76　截面草图

(3) 单击确定按钮 ✔，完成特征的构建。

17. 切除顶出销多余的长度

本步骤将切除如图 7-77 所示的顶出销多余的长度。

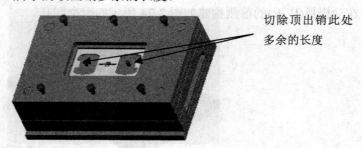

图 7-77　切除顶出销

(1) 将视图设置到"主表示"状态。选择 视图 功能选项卡 模型显示▾ 区域中的 管理视图 按钮，在弹出的菜单中单击 🔚 视图管理器 ，在"视图管理器"对话框中右击 ➡主表示 选项选择 ➡ 激活 命令，然后单击 关闭 按钮。

(2) 在模型树中将 🗐 PAD_MOLD.ASM 激活，然后遮蔽模架上盖 ▶ 🗇 TOP_PLATE_.PRT 和上模 ➡ UPPER_MOLD.PRT 。

(3) 激活模型树位于上部的顶出销零件 ▶ 🗇 EJECT_PIN_.PRT 。

注意：在如图 7-78 所示的视图方位中，在此激活的顶出销位于左边而不是右边。

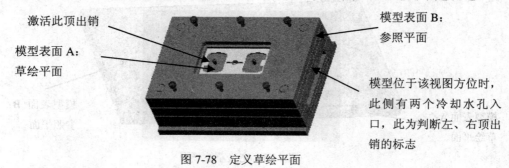

图 7-78　定义草绘平面

(4) 对顶出销零件进行剪切。

① 单击 **模具** 功能选项卡 形状▼ 区域中的"拉伸"按钮 ，此时系统弹出"拉伸"操控板，单击"移除材料"按钮 。

② 创建切削拉伸特征。设置草绘平面为如图 7-78 所示的模型表面 A，参照平面为模型表面 B，方向为右。

③ 绘制截面草图。绘制如图 7-79 所示的正方形草图。

④ 选取深度类型为"穿透"，特征的拉伸方向为上(见图 7-80)，特征去除材料方向为向内(见图 7-80)。

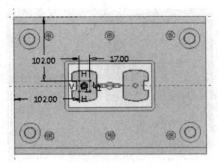

图 7-79　截面草图

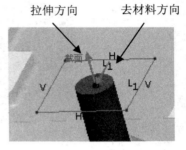

图 7-80　方向箭头

说明： 由于左右顶出销名称相同，为同一零件，所以右边的顶出销也会同时被切掉。

⑤ 单击"确定"按钮，完成切削。

⑥ 在模型树中将 PAD_MOLD.ASM 激活。

18. 含模架的模具开启设计

模具开启的一般步骤如下：

(1) 打开模具。要移动的模具元件包括定模板(a_plate)、上模型腔(upper_mold)、定模架板(top_plate)以及六个定模架板螺钉(top_plate_screw)。

(2) 顶出浇注件。移动的模具元件包括浇注件(pad_molding)、下顶出板(eject_down_plate)、上顶出板(eject_up_plate)、六个顶出板螺钉(ej_plate_screw)、两个顶出杆(eject_pin)和四个复位销钉(pin)。

(3) 浇注件落下。移动的模具元件为浇注件(pad_molding)。

(4) 顶出杆复位。移动的模具元件包括下顶出板(eject_down_plate)、上顶出板(eject_up_plate)、六个顶出板螺钉(ej_plate_screw)、两个顶出杆(eject_pin)和四个复位销钉(pin)。

(5) 闭合模具。移动的模具元件包括定模板(a_plate)、上模型腔(upper_mold)、四个导套(bush)、定模架板(top_plate)和六个定模架板螺钉(top_plate_screw)。

模具开启的具体操作过程如下：

1) 显示模具元件

取消上模 UPPER_MOLD.PRT、浇注件 PAD_MOLDING.PRT 和模架上盖 TOP_PLATE_.PRT 的遮蔽。

2) 定义开模步骤 1

(1) 单击 **模具** 功能选项卡 分析▼ 区域中的"模具开启"按钮 ，此时系统弹出"模具开模"菜单管理器，选择 ▼ 模具开模 → 定义步骤 → 定义移动 命令。

(2) 在模型树中选择要移动的模具元件。

① 在系统 ⇨为迁移号码1选择构件。 的信息提示下，在模型树中按住 Ctrl 键，依次选取模具元件 ▶ 〓 UPPER_MOLD.PRT 、 ▶ 〓 A_PLATE_.PRT 和六个 ▶ 〓 TOP_PLATE_SCREW_.PRT 。

② 在"选择"对话框中单击 确定 按钮。

(3) 在系统 ⇨通过选择边、轴或面选择分解方向。的信息提示下，选择如图 7-81 所示的边线定义移动方向，输入移动值"120"，然后按回车键。

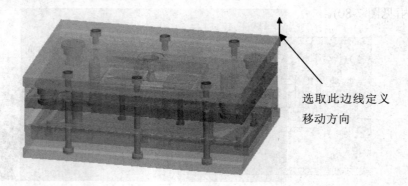

选取此边线定义移动方向

图 7-81　定义移动方向

(4) 选择 完成 命令，结果如图 7-82 所示。

图 7-82　移动后

3) 定义开模步骤 2

(1) 选择 定义步骤 → 定义移动 命令。

(2) 选择移动模具元件。选择模具元件 ▶ 〓 PAD_MOLDING.PRT 、 ▶ 〓 EJECT_DOWN_PLATE_.PRT 、六个 ▶ 〓 EJ_PLATE_SCREW_.PRT 、 ▶ 〓 EJECT_UP_PLATE_.PRT 、两个 ▶ 〓 EJECT_PIN_.PRT 和四个 ▶ 〓 PIN_.PRT 。

(3) 定义移动方向(见图 7-83)，移动距离为-14(如相反则输入 14)，并按回车键，选择"完成"命令，结果如图 7-84 所示。

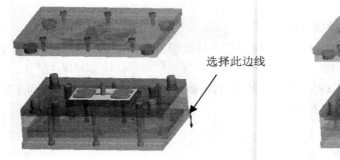

选择此边线

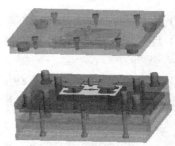

图 7-83 定义移动方向   图 7-84 移动后

4) 定义开模步骤 3

(1) 选择 定义步骤 → 定义移动 命令。

(2) 选择移动模具元件。选择模具元件 ▶ ▣ PAD_MOLDING.PRT 。

(3) 定义移动方向(见图 7-85),移动距离为-260(如相反则输入 260),并按回车键,选择 "完成" 命令,结果如图 7-86 所示。

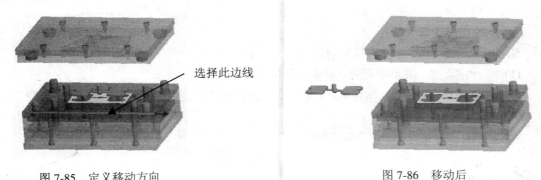

选择此边线

图 7-85 定义移动方向   图 7-86 移动后

5) 定义开模步骤 4

(1) 选择 定义步骤 → 定义移动 命令。

(2) 选择移动模具元件。选择模具元件 ▶ ▣ EJECT_DOWN_PLATE_.PRT 、六个 ▶ ▣ EJ_PLATE_SCREW_.PRT 、 两个 ▶ ▣ EJECT_PIN_.PRT 和四个 ▶ ▣ PIN_.PRT 。

(3) 定义移动方向(见图 7-87),移动距离为 14(如相反则输入−14),并按回车键,选择 "完成" 命令,结果如图 7-88 所示。

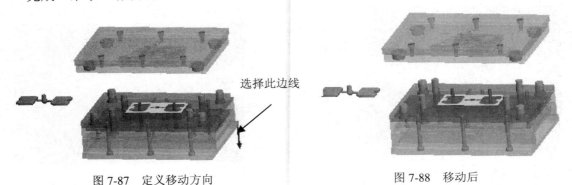

选择此边线

图 7-87 定义移动方向   图 7-88 移动后

6) 定义开模步骤 5

(1) 选择 定义步骤 → 定义移动 命令。

(2) 选择移动模具元件。和开模步骤 1 的选择移动模具元件相同，即依次选取模具元件 ▶ ◢ UPPER_MOLD.PRT 、 ▶ ◢ A_PLATE_.PRT 和六个 ▶ ◢ TOP_PLATE_SCREW_.PRT 。

(3) 定义移动方向(见图 7-89)，移动距离为-120(如相反则输入 120)，并按回车键，选择"完成"命令，结果如图 7-90 所示。

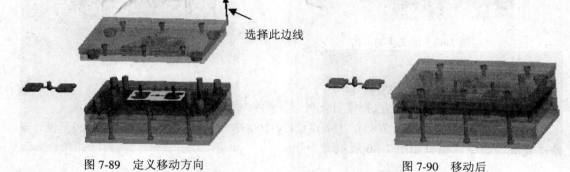

选择此边线

图 7-89　定义移动方向　　　　　　　　　　　　　图 7-90　移动后

7) 分解开模步骤

通过下面的操作，查看模具开启的每一步动作。

(1) 在 ▼ 模具开模 菜单中选择 分解 命令。

(2) 在 ▼ 逐步 菜单中，选择 打开下一个 → 打开下一个 → 打开下一个 → 打开下一个 → 打开下一个 命令。

(3) 选择 完成/返回 命令。

(4) 选择下拉菜单 文件▾ → 💾 保存(S) 命令。

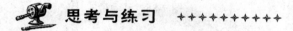 **思考与练习** ✦✦✦✦✦✦✦✦✦✦

1. 模架的作用有哪些。
2. 简述模架的主要构成。
3. 简述模架设计类型及异同点。
4. 试述模架设计的主要步骤。

参 考 文 献

[1]　詹友刚. Creo 4.0 模具设计教程[M]. 北京：机械工业出版社，2014.

[2]　金杰. Creo 4.0 产品设计与项目实践[M]. 杭州：浙江大学出版社，2015.

[3]　丁淑辉. Creo Parametric3.0 基础设计与实践[M]. 北京：清华大学出版社，2015.

[4]　应学成. Creo 4.0 模具设计完全自学宝典[M]. 北京：机械工业出版社，2015.

[5]　伍明. 中文版 Creo 4.0 技术大全[M]. 北京：人民邮电出版社，2015.

[6]　燕安京. Creo 4.0 从入门到精通[M]. 北京：机械工业出版社，2016.

[7]　钟日铭. Creo 4.0 机械设计实例教程[M].北京：机械工业出版社，2015.

[8]　尚新娟. Creo 4.0 模具设计实训[M]. 北京：电子工业出版社，2014.

[9]　钟日铭. Creo 4.0 从入门到精通[M].北京：机械工业出版社，2015.

[10]　王全景. Creo 4.0 完全自学教程[M]. 北京：电子工业出版社，2014.